国家出版基金项目
NATIONAL PUBLICATION FOUNDATION

"十三五"国家重点图书出版规划项目
中国河口海湾水生生物资源与环境出版工程
庄 平 主编

长江口浮游生物

沈盎绿　欧阳珑玲　著

中国农业出版社
北 京

图书在版编目（CIP）数据

长江口浮游生物 / 沈盎绿，欧阳珑玲著 . —北京：
中国农业出版社，2018.12
中国河口海湾水生生物资源与环境出版工程 / 庄平
主编
ISBN 978-7-109-24865-6

Ⅰ.①长…　Ⅱ.①沈…②欧…　Ⅲ.①长江口—浮游
生物—研究　Ⅳ.①Q179.1

中国版本图书馆 CIP 数据核字（2018）第 258797 号

中国农业出版社出版

（北京市朝阳区麦子店街 18 号楼）

（邮政编码 100125）

策划编辑　郑　珂　黄向阳

责任编辑　林珠英　肖　邦

北京通州皇家印刷厂印刷　新华书店北京发行所发行

2018 年 12 月第 1 版　　2018 年 12 月北京第 1 次印刷

开本：787mm×1092mm　1/16　印张：9.75

字数：195 千字

定价：80.00 元

（凡本版图书出现印刷、装订错误，请向出版社发行部调换）

内容简介

　　本书分为五章。第一章为长江口自然环境与气候特征，简要介绍了长江口的自然环境与气候特征；第二章为长江口水域环境概况，详细阐述了长江口的水质环境特点，3个调查年度内环境要素的平面分布特征以及年度变化趋势；第三章为长江口水域浮游植物，详细介绍了长江口浮游植物的种类、丰度与生态特征；第四章为长江口水域浮游动物，详细介绍了长江口浮游动物的种类、丰度与生态特征；第五章为长江口水域浮游生物基本特征与环境因子的关系，详细介绍了长江口浮游生物的生物量和丰度分布特征、优势种特征以及与环境要素的相关性分析。最后为附录，罗列了长江口浮游植物和浮游动物种的名录。

丛书编委会

科学顾问　唐启升　中国水产科学研究院黄海水产研究所　中国工程院院士

曹文宣　中国科学院水生生物研究所　中国科学院院士

陈吉余　华东师范大学　中国工程院院士

管华诗　中国海洋大学　中国工程院院士

潘德炉　自然资源部第二海洋研究所　中国工程院院士

麦康森　中国海洋大学　中国工程院院士

桂建芳　中国科学院水生生物研究所　中国科学院院士

张　偲　中国科学院南海海洋研究所　中国工程院院士

主　　编　庄　平

副 主 编　李纯厚　赵立山　陈立侨　王　俊　乔秀亭

郭玉清　李桂峰

编　　委（按姓氏笔画排序）

王云龙　方　辉　冯广朋　任一平　刘鉴毅

李　军　李　磊　沈盎绿　张　涛　张士华

张继红　陈丕茂　周　进　赵　峰　赵　斌

姜作发　晁　敏　黄良敏　康　斌　章龙珍

章守宇　董　婧　赖子尼　霍堂斌

丛书序

中国大陆海岸线长度居世界前列，约 18 000 km，其间分布着众多具全球代表性的河口和海湾。河口和海湾蕴藏丰富的资源，地理位置优越，自然环境独特，是联系陆地和海洋的纽带，是地球生态系统的重要组成部分，在维系全球生态平衡和调节气候变化中有不可替代的作用。河口海湾也是人们认识海洋、利用海洋、保护海洋和管理海洋的前沿，是当今关注和研究的热点。

以河口海湾为核心构成的海岸带是我国重要的生态屏障，广袤的滩涂湿地生态系统既承担了"地球之肾"的角色，分解和转化了由陆地转移来的巨量污染物质，也起到了"缓冲器"的作用，抵御和消减了台风等自然灾害对内陆的影响。河口海湾还是我们建设海洋强国的前哨和起点，古代海上丝绸之路的重要节点均位于河口海湾，这里同样也是当今建设"21世纪海上丝绸之路"的战略要地。加强对河口海湾区域的研究是落实党中央提出的生态文明建设、海洋强国战略和实现中华民族伟大复兴的重要行动。

最近 20 多年是我国社会经济空前高速发展的时期，河口海湾的生物资源和生态环境发生了巨大的变化，亟待深入研究河口海湾生物资源与生态环境的现状，摸清家底，制定可持续发展对策。庄平研究员任主编的"中国河口海湾水生生物资源与环境出版工程"经过多年酝酿和专家论证，被遴选列入国家新闻出版广电总局"十三五"国家重点图书出版规划，并且获得国家出版基金资助，是我国河口海湾生物资源和生态环境研究进展的最新展示。

　　该出版工程组织了全国 20 余家大专院校和科研机构的一批长期从事河口海湾生物资源和生态环境研究的专家学者，编撰专著 28 部，系统总结了我国最近 20 多年来在河口海湾生物资源和生态环境领域的最新研究成果。北起辽河口，南至珠江口，选取了代表性强、生态价值高、对社会经济发展意义重大的 10 余个典型河口和海湾，论述了这些水域水生生物资源和生态环境的现状和面临的问题，总结了资源养护和环境修复的技术进展，提出了今后的发展方向。这些著作填补了河口海湾研究基础数据资料的一些空白，丰富了科学知识，促进了文化传承，将为科技工作者提供参考资料，为政府部门提供决策依据，为广大读者提供科普知识，具有学术和实用双重价值。

中国工程院院士

2018 年 12 月

前　言

　　浮游植物作为水生生态系统中的初级生产者，通过光合作用将无机碳转化为有机碳；浮游动物是水生生态系统的次级消费者，通过摄食浮游植物将初级生产力转化为次级生产力，自身又被其他动物所利用，如此层层级级通过水生生态系统作用，周而复始，形成能量和物质的循环流动。浮游生物作为研究水生生物资源及其栖息环境状况与变化规律的重要基础环节，与渔业资源的开发利用有着密切的关系。浮游生物与水体环境中的水流、温盐跃层、水体污染等多种因子直接相互依赖，并能反映出诸多环境因子的综合特点；其生物数量的动态变化、分布对渔业资源起着重要作用并直接反映水生生态系统的资源状况。因此，开展浮游生物资源状况的调查研究，对了解和掌握水域生物资源状况、变化规律和补充机制有着积极意义。

　　对浮游生物的研究始于 19 世纪，迄今已有 100 多年的历史。1828年，G. V. Thompsonza 在爱尔兰的科克（Coke）海滨用浮游生物网来采集浮游生物；1845 年，德国学者 J. Müller 对德国北海岸赫耳果兰岛（Helgoland Isle）采集的浮游生物作了分类研究，开创了对浮游生物的初始研究；1883 年，德国生物学家 Victor Hense 首次提出"浮游生物"这一概念，他于 1889 年带领调查组到北大西洋采集浮游生物，并对采样海域浮游生物做了分布研究，由其出版的 *Ergebnisse der Plankton Expedition* 一书成为浮游生物研究的奠基石。20 世纪 30 年代，浮游生物研究才被确立为一门独立科学，在研究初期，分类和形态研究是主流。浮游生物自然生态调查研究是海洋浮游生物学的主要课题。

50 年代，浮游生物研究快速发展，浮游生物的调查范围由北大西洋及其邻近海区扩展到世界各大洋和各海区。70 年代以后，浮游生物研究的进展主要体现在广泛采用新技术和实验性、综合性工作的加强，如遥感技术的运用、电子计算机的使用和现场测量工具的发展。80 年代，浮游生物生态学研究成为世界研究热点，研究的主要课题为浮游生物的时空分布、生态系统、种群及群落生态和个体生态等。90 年代，浮游生物生活史、生理生化研究和数值模拟已经逐渐成熟，生态系统动力学模型的研究成为热点之一。2000 年以来，分子生物学方法在浮游生物的生理学、系统发育和进化、生物多样性等研究领域得到广泛应用。

国内浮游生物的调查研究工作始于 20 世纪 30 年代，直至 80 年代，研究重心多集中于浮游生物的形态学和生态学分类。自 1959 年起，陆续开展了针对我国各海域的多项大规模海洋生态调查，浮游生物的调查研究也在此阶段获得大量研究数据，20 世纪 80 年代以后至 2000 年这个阶段，浮游生物生态学研究开始走进实验室，研究观察更加细致。近年来，随着数据处理技术的进步，浮游生物的研究已经从最初的只关注浮游生物群落结构本身扩展到其与各个环境因素的相关性分析中来，使研究浮游生物的环境功能成为现实。

河口由于受海水和淡水的相互作用，环境复杂多变，盐度变化尤为剧烈。河口区地理位置重要，人口密集，人为营养盐输入量巨大，营养物质丰富，生物生产力大，因此，河口水域也是重要的渔业基地。浮游生物种类组成及变化一直是河口生态系统研究的基础内容，河口浮游生物种类的组成在很大程度上取决于海水和淡水的组成比例，径流和潮汐的交汇丰富了河口浮游动物群落，既有淡水种和海水种，又有河口特有的咸淡水种。河口浮游生物的丰度和生物量有明显的时空变化。

长江口是环太平洋最大的河口，是一个丰水、多沙、中潮、有规律分叉的三角洲河口，上自安徽大通、下至水下三角洲前缘，为长约 700 km 的河口区。长江口浮游生物已经开展一系列研究，包括农业农村部（原农业部）重点科研项目"长江口浮游植物生态研究"、国家自然科学基金重点项目"长江口夏季浮游植物群落与环境因子的典范对应分析"、国家重点基础研究发展规划项目"长江口外海区叶绿素 a 浓度分布及其动力成因分析"、上海市科学技术委员会长三角科技联合攻关领域项目"长江口北港和北支浮游动物群落比较"、国家自然科学基金重大项目"中国河口主要沉积动力过程研究及其应用"中的河口最大混浊带研究内容之一"长江口最大混浊带浮游植物的生态研究"、国家自然科学基金重大项目分课题"长江口重要生物类群对关键栖息地的水文和水力学条件需求"、科学技术部基础性工作和社会公益性研究项目"长江口湿地水域生态系统监测及水质净化评估"、中央级科研院所基本科研业务费专项"长江河口水生生态风险评估研究"、上海市重点学科建设项目"长江口九段沙湿地近岸水域浮游植物群落结构的特征"、长江口深水航道治理工程项目"长江口九段沙附近水域浮游动物生态特征"、上海市科学技术委员会重大项目"长江口九段沙附近水体浮游植物的种类组成与数量分布"、国家自然科学基金重点项目"长江口九段沙潮间带底栖动物的功能群"等。

　　本书以"浮游植物调查和研究"及"浮游动物调查和研究"两个专题大量翔实的调查数据为基础，结合长江口水文和水化学资料进行统计分析，探讨了长江口浮游生物与长江口环境因子之间的相关性。

　　由于作者水平所限，书中难免存在错误和疏漏之处，敬请广大读者批评指正。

著　者

2018 年 10 月

目 录

第一章
长江口自然环境与气候特征

第一节　自然环境概况

　　长江口为我国第一大河长江的入海口，是我国第一大河口、世界第三大河口。2 000年前，长江在镇江、扬州附近入海，呈漏斗状河口湾，南北两咀的距离约为 180 km。到西晋（公元 265—317 年）长江河口延伸到江阴附近，潮区界在九江附近。现在长江口三级分汊、四口入海的河势格局是在唐宋以后才逐渐形成的，即在徐六泾以下，崇明岛将长江分为南支和北支，南支在吴淞口以下又被长兴、横沙岛分为南港和北港，南港由九段沙分为南槽和北槽。崇明岛因长江泥沙淤积于唐代元年（公元 618 年）开始出水，并因人工围垦，面积迅速增大，目前已达 1 086 km²，是我国第三大岛。长兴、横沙等沙岛则形成时间较晚，至今只有 100～200 年的历史。长兴岛是长江口第二大岛，是近年来经人工围垦、堵汊，合并若干小沙岛而成的，面积 87.8 km²。长江口北支呈喇叭口形状，水浅，上段与南支成近 90°交角，大部分区域为潮滩。由于枯季进入北支的净水通量分流比小于 3%，洪季小于 8%，使得北支成为逐渐淤积的涨潮型河槽。南港的北槽被深水航道工程控制，南北导堤长约 50 km，建有众多丁坝，航道底宽约 300 m，深达 12.5 m，已成为人工控制的河槽；南槽因深水航道南导堤的存在和南汇边滩的走向，呈喇叭口形状。

　　随着长江口走向的不断变化，其口门逐渐缩小。自 1842 年起，长江口门南北两咀（苏北咀和南汇咀）的宽度由 118 km 缩窄至 90 km，水下三角洲则逐渐向海伸展，−5 m等深线普遍向海伸展 5～10 km（南港口外最大伸展距离达 14 km），潮区界下移至安徽大通。随着河口延伸，各江面逐渐缩窄。历史上镇扬河段和江阴河段江面宽都在 10 km 以上，而今分别缩至 2.3 km 和 1.5 km；南通河段在 1915 年宽度尚有 18 km，1920 年在浏海沙河南岸并岸之后江面缩窄到 7.0 km 左右；徐六泾河段宽度的缩窄则发生在近几十年，原来宽达 13 km 的江面于通海沙和江心沙先后围垦成陆地之后，缩窄为 5.0 km。长江口缩窄的特点是沙洲或暗沙并岸，由分汊水道并为单一水道，河床趋于稳定。历史上长江口曾 7 次沙洲并岸，其中，除最近两次由于人为因素加速了演变外，其余 5 次皆为自然演变的结果。

　　长江河口段通江河道众多，为典型的感潮平原河网地区。吴淞口为长江最后一条支流——黄浦江的入流口。长江口两岸（江岛除外）主要通江水道有 22 条，其中北岸 7 条、南岸 15 条。除黄浦江外，各通江口门处均已建闸控制。崇明、长兴、横沙三岛的河道各自独立成系。河道暗沙较多，北支有新村沙、黄瓜沙；南支有白茆沙、扁担沙；南北港分流口处有新浏河沙包、新浏河沙和中央沙；北港有堡镇沙和青草沙；南港有瑞丰沙；南北槽分流口有江亚南沙和九段沙；南槽有没冒沙。

第二节 气候特征

一、气温

长江口地区属亚热带季风气候区，具有海洋性和季风性双重特征，梅雨、台风等地区性气候明显。四季分明，季风特点明显，雨水充沛，日照充足。长江口地区多年平均气温 15.0～15.8 ℃，最低气温发生在 1—2 月，最高气温发生在 7—8 月，最高气温 40.2 ℃（1934 年 7 月 12 日），最低气温−12.0 ℃（1983 年 1 月 9 日）。平均年日照时数 2 000～2 100 h。长江口以东海面全雾日每年在 50 d 以上，每个雾日有雾时间最长出现在 2—5 月，佘山站为 6～8 h，引水船站为 4～6 h，沿岸为 3 h 左右。

二、风况

长江口地处东亚季风区，冬季盛行偏北风，风速较大，夏季盛行偏南风，风速相对较弱。季节性变化十分明显。一年中，平均风速以春季 3—4 月为最大，冬季 1—2 月和盛夏次之，秋季 9—10 月最小。长江口地区常风向为 SE，SE‑SSE 向的频率介于 11.6%～12.3%；强风向为 NNE 和 NE，N‑NNE‑NE‑ENE‑E 等风向的频率在 6.5%～7.2% 之间。多年平均风速以 NW‑NNW‑N 向较大，均在 6.0 m/s 以上，为强风向。ESE 向平均风速也达到 6.0 m/s。全年以东南风出现频率最高，最大风速大多发生在夏季的台风期，多年平均风速 3～4 m/s，台风侵袭时，常伴有暴雨，易造成风、涝、渍灾害，尤以台风雨渍为重。

三、潮汐和潮流

长江口属于中—强潮汐河口，口外为正规半日潮，一个涨落潮周期约为 12 h 24 min；受地形影响，口内为非正规半日潮。区域地处中纬度，潮汐日不等现象较明显，主要表现为高潮不等，从春分到秋分，一般夜潮大于日潮，从秋分到翌年春分，日潮大于夜潮。

长江口区域潮流受外海潮波控制，口门外主要受制于东海的前进潮波系统（M_2 分潮为主），黄海旋转潮系（K_1、O_1 日分潮）对其也有一定影响；口门内受河道限制主要为往复流，传播方向与河槽趋于一致，一般落潮流速大于涨潮流速。口门外半日潮 M_2 潮波传播方向约 305°，在科氏力的影响下，口门外潮流向顺时针旋流过渡。在河流上游径流接近多年平均流量、口外潮差近于平均潮差的情况下，一个潮周期内河口进潮量达 $27 \times 10^4 \text{ m}^3/\text{s}$，为年平均流量的 9 倍左右。流速的潮周期内变化和大小潮变化十分明显。在长江河槽，大潮期间的最大流速可超过 2 m/s；在北港拦门沙主槽，大潮期间的最大潮流流速可达 3 m/s，小潮期间最大潮流流速约为 1 m/s。

潮波进入长江口区域后，受边界条件和上游径流影响，潮波发生变形，既非典型的前进波，也非典型的驻波。潮波变形程度越向上游越大，导致潮位、潮差和潮时沿程发生变化，潮位越往上游越高，潮差越往上游越小，潮时自河口向上游涨潮历时缩短，落潮历时延长。口门附近的中浚、九段沙及横沙各验潮站多年实测平均潮差为 2.67 m、2.84 m 和 2.60 m，最大潮差分别为 4.62 m、4.96 m 和 4.49 m。南支河段的潮差一般向上游递减。由于北支河潮特殊的喇叭形特征，潮差比南支大，从口门向上游至南北支分汊口潮差递增，且自 1958 年以来北支已演变成为涨潮流占优势的河段。长江口潮量随天文潮和上游径流大小而变化，两个全潮总进潮量可达 60 亿 m³。

四、波浪

长江口门外的波浪通常以风浪—涌浪叠加的混合浪为主；口门处波浪一般由外海汇入，东风和东南风情况下波浪相对较大；口内基本无涌浪，波型以纯风浪为主。多年平均波高在高桥（南港）为 0.2 m，引水船（南槽口门）为 1.0 m，余山为 0.8 m，大戟山 0.9 m，滩浒 0.5 m。引水船最大波高 3.2 m。影响长江口的台风每年约 4～5 次，其中 10 级以上台风约每年 1 次，台风大多集中在 7—9 月。台风时风力是正常天气下的数倍。台风常导致增水，增水最大曾达 2.43 m。

五、降水量和蒸发量

长江口多年平均降水量 1 100 mm 左右，年内降雨有明显的季节性变化特点，年际变化大。丰水年降水量在 120 mm 左右，最多可达 1 400 mm 以上；枯水年降水量在 600～700 mm，丰水年和枯水年降水量之比最多可达 2:1 以上。年平均降雨天数为 120.5 d，夏季降水量占全年降水量的 45%，冬季降水量仅占全年降水量的 10% 左右。长江口汛期（5—9 月）雨量一般占年降水量的 50% 以上。6—9 月是年内雨量最多的季节，以 6 月为最多，8 月为其次。这与江淮流域的雨季，即春雨、梅雨和秋雨 3 个多雨季节有关，尤其是梅雨和秋雨季节多暴雨天气。一年中降雨最少的月份为 12 月。

长江口区蒸发较周边区域大，一年中汛期蒸发量占全年的 60%，最大蒸发量出现在 7 月，最小发生在 1 月。从蒸发能力与降水角度看，长江口区属于湿润气候带。

六、径流量

长江流域径流量和降水量的关系密切，两者相关系数达到 99%，径流量及其变化主要受降雨控制。长江流域降水和重大工程会影响长江入海水量。位于枯季潮区界的安徽大通水文站距离长江口约 630 km，是长江干流下游径流控制站，其径流特征基本上可以代表本河段径流特征。据大通站 1950—2010 年资料统计，多年平均年径流总量为 8 924 亿 m³，年平均流量为 2.83 万 m³/s，最大年径流量为 1954 年的 13 590 亿 m³，最小为 1978 年的 6 760 亿 m³，年际变化相差最大约 1 倍，说明年际变化不大。径流量在年内分配不均衡，并存在明显的季节性变化，主要集中在 5—10 月，占全年的 71.3%，其中主汛期（7—9 月）占全年的 39.0%；而枯季 11 月至翌年 4 月水量占全年的 28.7%。多年月平均流量中 7 月份最大，为 4.99 万 m³/s，占全年径流量的 14.64%；1 月份最小，为 1.12 万 m³/s，占全年径流量的 3.28%。

自 1950 年来，月平均径流量低于 9 000 m³/s 的年份为 1951 年、1956 年、1957 年、1958 年、1959 年、1960 年、1961 年、1962 年、1963 年、1965 年、1967 年、1968 年、1970 年、1972 年、1979 年、1983 年、1987 年和 1999 年。可见，20 世纪 50—60 年代特枯年份发生 12 次，90 年代至今仅发生 1 次，除气候变化外，流域水库对径流量的季节性调节也是 90 年代以来低径流量发生次数少的重要原因。主汛期月平均径流量大于 60 000 m³/s 的年份为 1954 年、1962 年、1968 年、1973 年、1983 年、1995 年、1996 年、1998 年、1999 年和 2010 年，洪水在 90 年代发生次数最多，达 4 次。1998 年的长江洪水是继 1931 年和 1954 年两次洪水后发生的又一次全流域特大洪水。据资料统计，1998 年和 1954 年相比，长江上游连续 8 次洪峰，其洪峰流量和洪水量接近于 1954 年；中游不少地方干流水位超过了 1954 年，下游较 1954 年约少 10 000 m³/s，洪水总量少 500 亿 m³ 以上。

长江入海径流在南、北支分流口作第一次分流，在南、北港分流口进行第二次分流，在南、北槽分流口作第三次分流。目前，长江口南支是长江入海的主流通道，约 95% 以上的长江径流量经南支下泄；北支的分流量较小，一般不足 5%。尽管如此，由北支青龙港断面下泄的流量年均仍可达到 1 050 m³/s 左右。因此，虽然北支的分流比甚小，但经由北支下泄的径流量依然十分可观。

第二章
长江口水域
环境概况

第一节　水质调查研究方法

一、水质分析方法

每个监测点涨、落潮各取一次样。取样层次按《海洋监测规范》第三部分 (GB 17378.3—1998)的要求确定，当水深小于 10 m，只取表层水样，水深大于 10 m 小于 25 m，分表、底层取样，其中油类采集表层下 0.5 m 的水样 500 mL，加入 0.1 mol/L 盐酸溶液调节 pH 至 4.0 以下，避光 4 ℃保存至分析。水质监测项目及分析方法如表 2-1 所示。

表 2-1　水质监测项目及分析方法

监测项目	分析方法	监测项目	分析方法
水温	JENCO-6010 温度测试仪	盐度	电导率分析仪
pH	玻璃电极法	溶解氧	薄膜电极法
悬浮物	重量法	化学耗氧量	碱性高锰酸钾法
硝酸盐氮	锌-镉还原法	亚硝酸氮	萘基乙二胺分光光度法
氨氮	次溴酸钠氧化法	无机磷	磷钼蓝分光光度法
硅酸盐-硅	硅钼蓝分光光度法	油类	紫外分光光度法
挥发性酚	4-氨基安替比林分光光度法	铜	阳极溶出伏安法
锌	阳极溶出伏安法	铅	阳极溶出伏安法
镉	阳极溶出伏安法	砷	原子荧光法
汞	原子荧光法		

二、调查时间与站位

水质调查分别在 2004 年 5 月、2004 年 8 月、2004 年 11 月、2005 年 2 月（2004—2005 年度），2005 年 8 月、2005 年 11 月、2006 年 2 月、2006 年 5 月（2005—2006 年度）和 2007 年 8 月、2007 年 11 月、2008 年 2 月、2008 年 5 月（2007—2008 年度）共三个年度进行 12 次，分 4 个季节采样，即春季（5 月）、夏季（8 月）、秋季（11 月）和冬季（2 月）。

在长江口水域共设 15 个采样点，各采样点的位置具体分布见图 2-1。各采样点的位置坐标见表 2-2。将调查水域的采样点划分为 3 个区：北支（1、2、3、4、5、6、7 号

站)、南支北港（8、9、10 号站）和北港北沙（11、12、13、14、15 号站）。

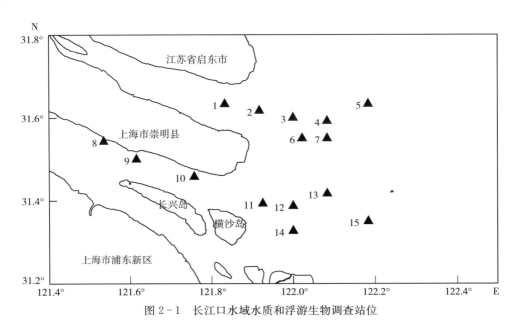

图 2-1 长江口水域水质和浮游生物调查站位

表 2-2 长江口水域水质和浮游生物调查站位经纬度

站位号	经度	纬度
1	121.83°E	31.63°N
2	121.92°E	31.62°N
3	122.00°E	31.60°N
4	122.08°E	31.59°N
5	122.18°E	31.63°N
6	122.02°E	31.55°N
7	122.08°E	31.55°N
8	121.54°E	31.54°N
9	121.62°E	31.50°N
10	121.76°E	31.46°N
11	121.93°E	31.39°N
12	122.00°E	31.39°N
13	122.08°E	31.42°N
14	122.00°E	31.33°N
15	122.18°E	31.35°N

第二节 水文环境

长江口水域水文环境主要由温度（T）、盐度（S）、酸碱度（pH）和溶解氧（DO）等几个要素组成。通过分析 2004—2008 年共计三个年度的水文要素调查数据，掌握这些要素的周年变化规律，为后期浮游生物与环境要素的相关性分析提供基础资料。

一、温度

长江口水域全年（包括 2004—2005 年度、2005—2006 年度和 2007—2008 年度）平均水温为 17.73℃，年度变化范围介于 4.28～30.84℃。每个季度各个调查站位的温度相差范围在±5℃。各个季度间的水温差别较为明显，变化特征大致为：春季水温处于 18.94～25.53℃，平均值为 21.91℃；夏季变化范围较大，处于 23.98～30.84℃，平均值为 27.47℃；秋季变化范围也较大，处于 11.70～17.00℃，平均值为 14.97℃；冬季处于 4.28～8.93℃，平均值为 6.58℃。

在涨潮期间，长江口水域全年平均水温为 17.81℃，年度变化范围介于 4.51～30.84℃。春季调查期间，长江口内南支北港水域平均温度最高（23.19℃），北港北沙水域平均温度次之（22.73℃），北支水域平均温度最低（20.65℃）；秋季北支水域平均温度较低，为 14.59℃，而南支北港和北港北沙水域平均温度分别为 15.33℃和15.46℃；其他两个季节调查结果显示南支北港、北港北沙和北支之间温度相差不大。各个季度间的水温差别较为明显，春季水温平均值为 21.86℃，夏季水温平均值为27.70℃，秋季水温平均值为 15.03℃，冬季水温平均值为 6.64℃。

在落潮期间，长江口水域全年平均水温为 17.65℃，年度变化范围为 4.28～30.34℃。春季调查期间，长江口内南支北港水域平均温度最高（23.52℃），北港北沙水域平均温度次之（平均温度为 22.40℃），北支水域平均温度最低（20.97℃）；秋季北支水域平均温度较低，为 14.38℃，而南支北港和北港北沙水域平均温度分别为 15.38℃和15.37℃；其他两个季节调查结果显示南支北港、北港北沙和北支水域之间温度相差不大。各季度间水温差别较为明显，春季水温平均值为 21.96℃，夏季水温平均值为27.23℃，秋季水温平均值为 14.91℃，冬季水温平均值为 6.51℃。

二、盐度

长江口水域由于各汊道分流比不同（图 2-2），盐度分布出现较大差异，全年平均盐

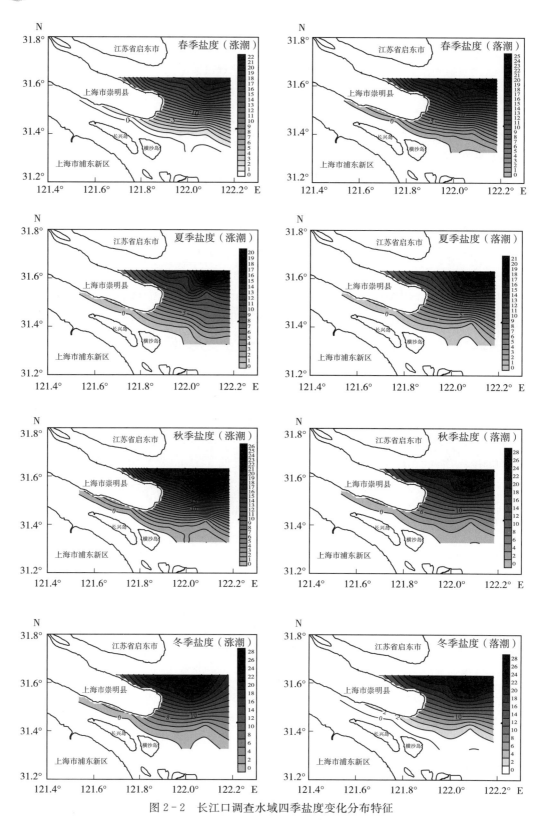

图 2-2　长江口调查水域四季盐度变化分布特征

度为北支水域最高（20.44），北港北沙水域次之（1.21），南支北港水域最低（0.41）。各水域年度变化范围均较大，北支水域盐度为1.65～29.46，南支北港水域为0.03～1.38，北港北沙水域为0.08～13.89。夏季观测时值洪汛，分入北支水域的径流量相应增加，此时北支水域盐度较秋冬两季下降明显，平均值为14.93，春季北支水域盐度平均值为18.89，秋季平均值为23.63，冬季平均值为24.33。南支北港水域春季盐度平均值为0.17，夏季平均值为0.22，秋季平均值为0.62，冬季平均值为0.61。北港北沙水域春季盐度平均值为0.89，夏季平均值为1.17，秋季平均值为1.66，冬季平均值为1.12。

在涨潮期间，北支水域全年平均盐度为20.12，范围为1.65～29.46；南支北港水域全年平均盐度为0.44，范围为0.05～1.38；北港北沙水域全年平均盐度为1.23，范围为0.08～13.89（图2-2）。春季调查期间，北支水域平均盐度为18.66，南支北港水域为0.16，北港北沙水域为0.76。夏季调查期间，除北支水域平均盐度有所下降（14.18）外，南支北港和北港北沙两个水域平均盐度均略有上升（分别为0.23和1.58）。秋季调查期间，北支水域平均盐度显著上升为23.51，南支北港水域为0.69，北港北沙水域为1.58。冬季调查期间，北支水域平均盐度为24.13，南支北港水域为0.67，北港北沙水域为1.01。

在落潮期间，北支水域全年平均盐度为20.77，范围为8.54～29.44；南支北港水域全年平均盐度为0.37，范围为0.03～1.06；北港北沙水域全年平均盐度为1.19，范围为0.13～5.20（图2-2）。春季调查期间，北支水域平均盐度为19.11，南支北港水域为0.17，北港北沙水域为1.03。夏季调查期间，与涨潮时相似，北支水域平均盐度下降至15.68，南支北港水域为0.21，北港北沙水域为0.77。秋季调查期间，北支水域平均盐度显著上升为23.76，该盐度水平显著高于南支北港水域和北港北沙水域（图2-2），南支北港水域为0.55，北港北沙水域为1.75。冬季调查期间，北支水域平均盐度为24.53，南支北港水域为0.56，北港北沙水域为1.23。

三、酸碱度

长江口水域全年平均pH为8.05，年度变化范围介于6.57～8.39。每个季度各个调查站位的pH相差范围在±1.5。总体来说，北支、南支北港和北港北沙3个水域的平均pH都较为接近，且各个季度间的平均pH差别也较小，长江口水域pH变化特征大致为：春季pH变化范围较大，处于6.57～8.23，平均值为7.94；夏季变化范围为7.49～8.19，平均值为7.94；秋季变化范围为7.43～8.33，平均值为8.13；冬季变化范围为7.88～8.39，平均值为8.19。

在涨潮期间，长江口水域全年平均pH为8.05，年度变化范围介于6.89～8.38。春季调查期间，北支水域平均pH最高（8.00），南支北港水域次之（7.95），北港北沙水域最低

（7.81）。夏季北港北沙水域平均 pH 较高（8.01），而北支水域和南支北港水域平均 pH 相同，均为 7.91；其他两个季节调查结果显示北支、南支北港和北港北沙水域之间 pH 相差不大。长江口水域各个季度间的 pH 差别较为明显，变化特征大致为：春季 pH 平均值为7.93，夏季 pH 平均值为 7.94，秋季 pH 平均值为 8.15，冬季 pH 平均值为 8.19。

在落潮期间，长江口水域全年平均 pH 为 8.05，年度变化范围介于 6.57～8.39。春季调查期间，北港北沙水域平均 pH 最高（8.05），北港北沙水域次之（7.97），北支水域最低（7.89）；其他 3 个季节调查结果显示北支、南支北港和北港北沙 3 个水域之间平均pH 相差不超过 0.1。长江口水域各个季度间的 pH 差别较为明显，特征表现大致为：春季和夏季 pH 接近，平均 pH 分别为 7.96 和 7.93；秋、冬两季 pH 接近，分别为 8.11和 8.19。

四、溶解氧

长江口水域全年平均 DO 值为 7.71 mg/L，年度变化范围较大，介于 3.50～11.69 mg/L。总体来说，北支、南支北港和北港北沙 3 个水域的平均 DO 值都较为接近，具体表现为北港北沙水域最高（8.00 mg/L），南支北港水域次之（7.91 mg/L），北港北沙水域最低（7.41 mg/L）。长江口水域各个季度间的平均 DO 值差别较大，变化特征大致为：春季 DO 值变化范围大，处于 3.50～8.25 mg/L，平均值为 7.27 mg/L；夏季平均DO 值最低，为 6.67 mg/L，变化范围处于 5.04～7.90 mg/L；秋季平均 DO 值为7.88 mg/L，变化范围处于 5.35～10.68 mg/L；冬季平均 DO 值最高，为 9.01 mg/L，变化范围处于 6.32～11.69 mg/L。

在涨潮期间，长江口水域全年平均 DO 值为 7.65 mg/L，年度变化范围介于 3.50～11.63 mg/L。春季调查期间，长江口水域平均 DO 值为 7.25 mg/L，3 个水域值分布较均匀（图 2 - 3），其中北支水域平均 DO 值为 7.05 mg/L，南支北港水域为 7.06 mg/L，北港北沙水域为 7.64 mg/L。夏季长江口水域平均 DO 值显著下降，为 6.59 mg/L。3 个水域平均 DO 值也十分相近，其中北支水域平均 DO 值为 6.52 mg/L，南支北港水域为6.62 mg/L，北港北沙水域为 6.68 mg/L。秋冬两个季节调查结果显示长江口水域平均值逐渐上升，秋季平均 DO 值为 7.76 mg/L，南支北港水域最高（8.46 mg/L），北港北沙水域次之（8.02 mg/L），北支水域最低（7.28 mg/L）；冬季长江口水域平均 DO 值为9.00 mg/L，其中北支水域最低（8.51 mg/L），南支北港水域居中（9.24 mg/L），北港北沙水域最高（9.53 mg/L）。

在落潮期间，长江口水域全年平均 DO 值为 7.76 mg/L，年度变化范围介于 3.81～11.69 mg/L。春季调查期间，长江口水域平均 DO 值为 7.29 mg/L，变化范围介于 3.81～8.25 mg/L。其中南支北港水域平均 DO 值为 7.54 mg/L，北沙水域为 7.11 mg/L，北港

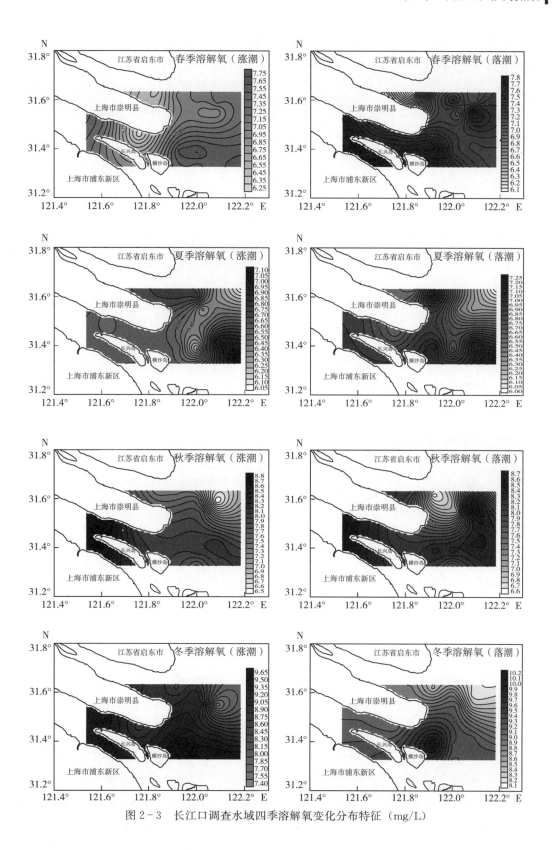

图 2-3　长江口调查水域四季溶解氧变化分布特征（mg/L）

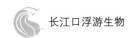

北沙水域为 7.40 mg/L。夏季长江口水域平均 DO 值显著下降，为 6.74 mg/L，其中北港北沙水域平均 DO 值最高（7.00 mg/L），南支北港水域次之（6.80 mg/L），北支水域最低（6.53 mg/L）。秋冬两个季节调查结果显示长江口水域平均 DO 值逐渐上升，秋季平均 DO 值为 7.99 mg/L，冬季达到最高，为 9.02 mg/L。从长江口 DO 值分布可以看出在秋季调查期间南支北港水域最高（图 2-3），平均值为 8.42 mg/L，北港北沙水域次之（8.25 mg/L），北支水域最低（7.62 mg/L）。北港北沙水域平均 DO 值最高（9.50 mg/L），南支北港水域次之（9.16 mg/L），北支水域最低（8.63 mg/L）。

第三节　水化学环境

长江口水域水化学环境主要由化学耗氧量（COD）、挥发性酚、无机氮（DIN）、磷酸盐（PO_4^{3-}）、硅酸盐（SiO_3^{2-}）和重金属等几个要素组成。通过分析 2004—2008 年共计三个年度的水化学要素调查数据，掌握这些要素的周年变化规律，协同水文要素为后期浮游生物与环境要素的相关性分析提供基础资料。

一、化学耗氧量

长江口水域全年平均 COD 值为 1.82 mg/L，年度变化范围介于 0.44～5.21 mg/L。北支、南支北港和北港北沙 3 个水域的平均 COD 值都较为接近，具体表现为南支北港水域最高（1.87 mg/L），北港北沙水域次之（1.84 mg/L），北支水域最低（1.79 mg/L）。长江口水域各个季度间的平均 COD 值差别较大，春季平均 COD 值最小（1.63 mg/L），夏季平均 COD 值最高（2.04 mg/L），秋季平均 COD 值较夏季有所下降（1.91 mg/L），冬季平均 COD 值继续下降（1.71 mg/L）。

在涨潮期间，长江口水域全年平均 COD 值为 1.78 mg/L，年度变化范围介于 0.51～4.32 mg/L（图 2-4）。春季调查期间，长江口水域平均 COD 值为 1.63 mg/L，变化范围介于 0.54～3.49 mg/L，南支北港水域最高（2.07 mg/L），北港北沙水域次之（1.87 mg/L），北支水域最低（1.28 mg/L）。夏季长江口水域平均 COD 值为 1.99 mg/L，变化范围介于 0.60～3.98 mg/L。3 个水域平均 COD 值较为相近。秋季调查期间，长江口水域平均 COD 值为 1.97 mg/L，介于 0.65～4.32 mg/L，其中北支水域平均 COD 值为 2.14 mg/L，南支北港水域平均 COD 值为 2.04 mg/L，而北港北沙水域平均 COD 值为 1.68 mg/L。冬季调查期间，长江口水域平均 COD 值达到全年最低，为 1.55 mg/L，介于 0.51～4.30 mg/L，其中北港北沙水域最高（1.93 mg/L），北支和南支北港水域平均

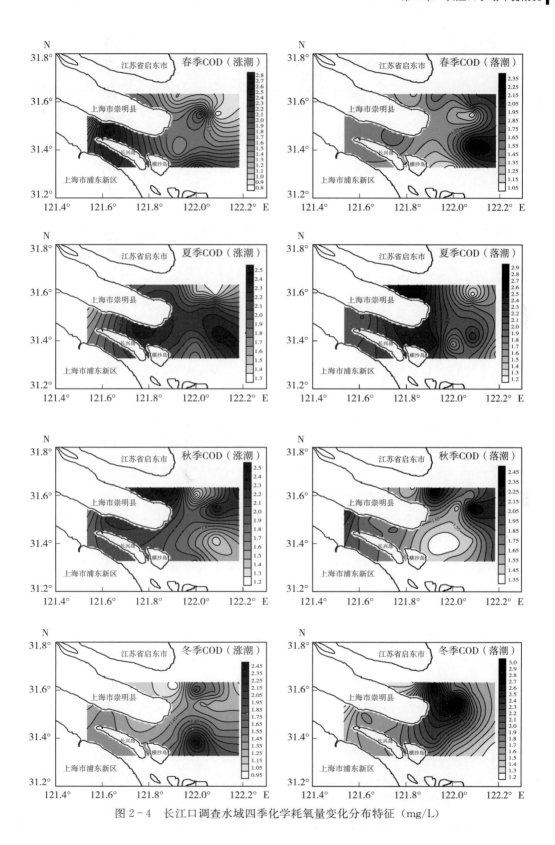

图 2-4 长江口调查水域四季化学耗氧量变化分布特征（mg/L）

COD 值相同，为 1.36 mg/L。

在落潮期间，长江口水域全年平均 COD 值为 1.85 mg/L，年度变化范围介于 0.44～5.21 mg/L（图 2-4）。春季调查期间，长江口水域平均 COD 值为 1.62 mg/L，变化范围介于 0.50～4.11 mg/L，其中北港北沙水域平均 COD 值最高（1.69 mg/L），南支北港水域次之（1.64 mg/L），北支水域最低（1.57 mg/L）。夏季长江口水域平均 COD 值升高至 2.09 mg/L，变化范围介于 0.44～4.31 mg/L，3 个水域平均 COD 值较为相近。秋季调查期间，长江口水域平均 COD 值为 1.86 mg/L，介于 0.63～4.40 mg/L，其中北支水域平均 COD 值为 1.99 mg/L，南支北港水域平均 COD 值为 2.01 mg/L，北港北沙水域平均 COD 值为 1.58 mg/L。冬季调查期间，长江口水域平均 COD 值为 1.86 mg/L，介于 0.44～5.21 mg/L，北支水域平均 COD 值最高（2.08 mg/L），北港北沙水域次之（1.71 mg/L），南支北港水域最低（1.62 mg/L）。

二、挥发性酚

长江口水域全年平均挥发性酚含量为 7.55 mg/L，年度变化范围较大，介于未检出至 47.35 mg/L。北支、南支北港和北港北沙 3 个水域的平均挥发性酚的含量都较为接近（7.16～7.83 mg/L）。长江口水域春季平均挥发性酚含量与夏季接近，分别为 7.58 mg/L 和 7.75 mg/L，变化范围分别介于未检出至 47.35 mg/L 和未检出至 35.23 mg/L；秋季平均挥发性酚含量升高，为 9.05 mg/L，变化范围介于未检出至 34.20 mg/L；冬季平均挥发性酚含量显著下降，为 5.81 mg/L，介于未检出至 23.97 mg/L。

在涨潮期间，长江口水域全年平均挥发性酚含量为 7.49 mg/L，年度变化范围介于未检出至 39.06 mg/L（图 2-5）。春季调查期间，长江口水域平均挥发性酚含量为 6.62 mg/L，变化范围介于未检出至 39.06 mg/L，其中北港北沙水域平均挥发性酚含量最高（8.04 mg/L），南支北港水域次之（7.80 mg/L），北支水域最低（5.09 mg/L）。夏季长江口水域平均挥发性酚含量为 8.75 mg/L，变化范围介于未检出至 35.23 mg/L，其中北支水域平均挥发性酚含量为 8.37 mg/L，南支北港水域为 7.95 mg/L，北港北沙水域为 9.78 mg/L。秋季调查期间，长江口水域平均挥发性酚含量上升至 9.14 mg/L，介于未检出至 34.20 mg/L，与前两季相比，北支水域平均挥发性酚含量上升至 9.00 mg/L，南支北港水域平均挥发性酚含量上升至 8.31 mg/L，北港北沙水域平均挥发性酚含量上升至 9.83 mg/L。冬季调查期间，长江口水域平均挥发性酚含量达到全年最低，为 5.47 mg/L，介于未检出至 18.37 mg/L。三个水域平均挥发性酚含量较秋季均显著下降，其中北支水域下降至 6.09 mg/L，南支北港水域下降至 6.02 mg/L，北港北沙水域下降至 4.26 mg/L。

在落潮期间，长江口水域全年平均挥发性酚含量为 7.60 mg/L，年度变化范围介于

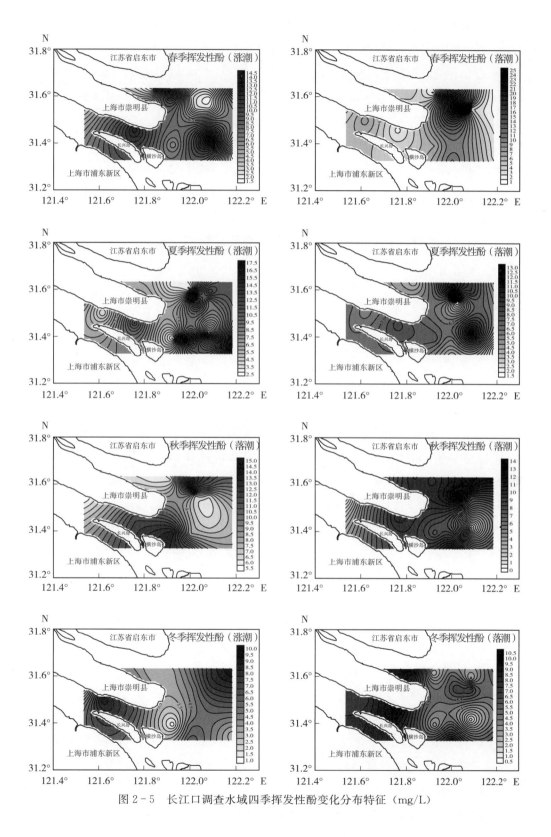

图 2-5 长江口调查水域四季挥发性酚变化分布特征（mg/L）

未检出至 47.35 mg/L（图 2-5）。春季调查期间，长江口水域平均挥发性酚含量为 8.54 mg/L，变化范围介于未检出至 47.35 mg/L，其中北支水域平均挥发性酚含量最高（10.08 mg/L），北港北沙水域次之（8.33 mg/L），南支北港水域最低（5.29 mg/L）。夏季长江口水域平均挥发性酚含量下降，为 6.75 mg/L，变化范围介于未检出至 29.37 mg/L，其中北支水域平均挥发性酚含量（6.63 mg/L）低于南支北港水域（7.50 mg/L），北港北沙水域平均挥发性酚含量最低（6.46 mg/L）。秋季调查期间，长江口水域平均挥发性酚含量为 8.95 mg/L，介于未检出至 33.85 mg/L，其中北支水域平均挥发性酚含量最高（11.43 mg/L），北港北沙水域次之（7.40 mg/L），南支北港水域最低（5.76 mg/L）。冬季调查期间，长江口水域平均挥发性酚含量达全年最低，为 6.16 mg/L，介于未检出至 23.97 mg/L，其中南支北港水域最高（8.64 mg/L），北支水域次之（5.92 mg/L），北港北沙水域最低（5.01 mg/L）。

三、无机氮

长江口水域全年平均无机氮含量为 0.320 mg/L，年度变化范围较大，介于 0.001～1.328 mg/L。北支、南支北港和北港北沙 3 个水域的平均无机氮含量都较为接近，具体表现为北港北沙水域最高（0.334 mg/L），北支水域次之（0.329 mg/L），南支北港水域最低（0.290 mg/L）。长江口水域春季平均无机氮含量为 0.415 mg/L，变化范围分别介于 0.122～1.328 mg/L；夏季和秋季平均无机氮含量相近，分别为 0.258 mg/L 和 0.244 mg/L，变化范围分别介于 0.006～0.583 mg/L 和 0.001～0.649 mg/L；冬季平均无机氮含量为 0.373 mg/L，变化范围介于 0.103～0.826 mg/L。

在涨潮期间，长江口水域全年平均无机氮含量为 0.325 mg/L，年度变化范围介于 0.001～1.328 mg/L（图 2-6）。春季调查期间，长江口水域平均无机氮含量为 0.391 mg/L，变化范围介于 0.122～1.328 mg/L，其中北港北沙水域平均无机氮含量最高（0.439 mg/L），南支北港水域次之（0.422 mg/L），北支水域最低（0.344 mg/L）。夏季长江口水域平均无机氮含量为 0.269 mg/L，变化范围介于 0.006～0.583 mg/L，其中北支水域的无机氮含量最高（0.320 mg/L），南支北港和北港北沙水域相差不大（分别为 0.226 mg/L 和 0.224 mg/L）。秋季调查期间，长江口水域平均无机氮含量为 0.247 mg/L，变化范围介于 0.001～0.619 mg/L，其中南支北港水域的无机氮含量最低（0.146 mg/L），北港北沙水域为 0.262 mg/L，北支水域最高（0.280 mg/L）。冬季调查期间，长江口水域平均无机氮含量接近春季水平，为 0.393 mg/L，变化范围介于 0.124～0.826 mg/L，北支水域与南支北港水域平均无机氮含量十分相近（分别为 0.373 mg/L 和 0.378 mg/L），北港北沙水域平均无机氮含量最高（0.431 mg/L）。

在落潮期间，长江口水域全年平均无机氮含量为 0.320 mg/L，年度变化范围介于

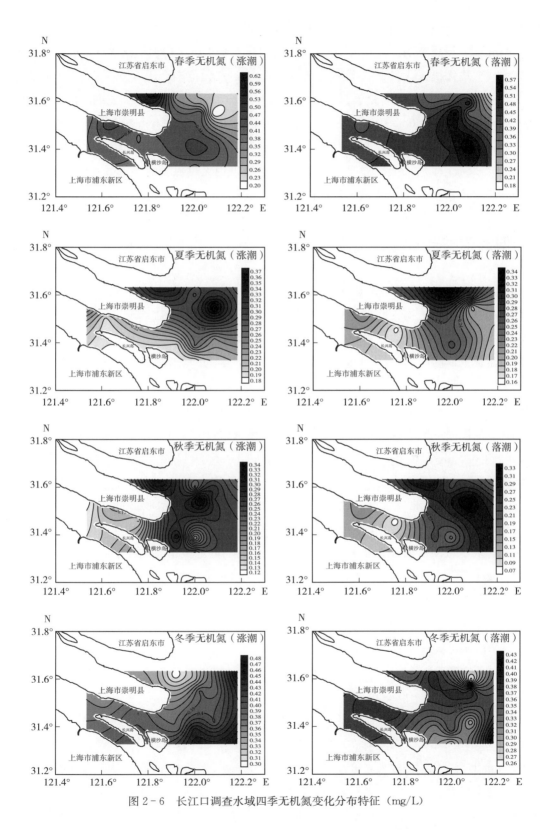

图 2-6 长江口调查水域四季无机氮变化分布特征 (mg/L)

0.008～0.933 mg/L（图 2-6）。春季调查期间，长江口水域平均无机氮含量为 0.439 mg/L，变化范围介于 0.134～0.933 mg/L，3 个水域平均无机氮含量接近。夏季长江口水域平均无机氮含量显著下降至 0.247 mg/L，变化范围介于 0.008～0.546 mg/L，其中北支水域北部无机氮含量最高，为 0.218 mg/L（图 2-6）。秋季调查期间，长江口水域平均无机氮含量 0.241 mg/L，变化范围介于 0.019～0.649 mg/L，其中北支水域的无机氮含量最高（0.280 mg/L），北港北沙水域次之（0.254 mg/L），南支北港水域含量最低（0.128 mg/L）。冬季调查期间，长江口水域平均无机氮含量为 0.354 mg/L，介于 0.103～0.788 mg/L，3 个水域平均无机氮含量相近。

四、磷酸盐

长江口水域全年平均磷酸盐含量为 0.048 mg/L，年度变化范围较大，介于未检出至 0.823 mg/L，北支、南支北港和北港北沙 3 个水域的平均磷酸盐含量都较为接近。长江口水域春季平均磷酸盐含量为 0.057 mg/L，变化范围介于 0.005～0.475 mg/L；夏季平均磷酸盐含量最低，为 0.040 mg/L，但变化范围较大，介于未检出至 0.823 mg/L；秋季平均磷酸盐含量为 0.043 mg/L，变化范围相对较小，介于 0.016～0.095 mg/L；冬季平均磷酸盐含量为 0.054 mg/L，介于 0.002～0.201 mg/L。

在涨潮期间，长江口水域全年平均磷酸盐含量为 0.050 mg/L，年度变化范围介于 0.003～0.823 mg/L（图 2-7）。春季调查期间，长江口水域平均磷酸盐含量为 0.062 mg/L，变化范围介于 0.013～0.475 mg/L，其中南支北港水域平均磷酸盐含量最高（0.075 mg/L），北支水域次之（0.070 mg/L），北港北沙水域最低（0.045 mg/L）。夏季长江口水域平均磷酸盐含量为 0.045 mg/L，变化范围介于 0.003～0.823 mg/L，其中南支北港水域的磷酸盐含量较高（0.110 mg/L），北支和北港北沙水域较低（分别为 0.027 mg/L 和 0.030 mg/L）。秋季调查期间，长江口水域平均磷酸盐含量为 0.042 mg/L，变化范围介于 0.017～0.095 mg/L，其中南支北港水域的磷酸盐含量最高（0.052 mg/L），北港北沙水域次之（0.043 mg/L），北支水域最低（0.037 mg/L）。冬季调查期间，长江口水域平均磷酸盐含量为 0.052 mg/L，变化范围介于 0.005～0.175 mg/L，南支北港水域与北港北沙水域平均磷酸盐含量较高而且十分接近（分别为 0.061 mg/L 和 0.062 mg/L），北支水域平均磷酸盐含量较低（0.041 mg/L）。

在落潮期间，长江口水域全年平均磷酸盐含量为 0.046 mg/L，年度变化范围介于未检出至 0.269 mg/L（图 2-7）。春季调查期间，长江口水域平均磷酸盐含量为 0.050 mg/L，变化范围较大，介于 0.005～0.269 mg/L，其中北支和南支北港水域平均磷酸盐含量接近（分别为 0.055 mg/L 和 0.058 mg/L），北港北沙水域平均磷酸盐含量较低（0.039 mg/L）。夏季长江口水域平均磷酸盐含量显著下降至 0.034 mg/L，变化范围

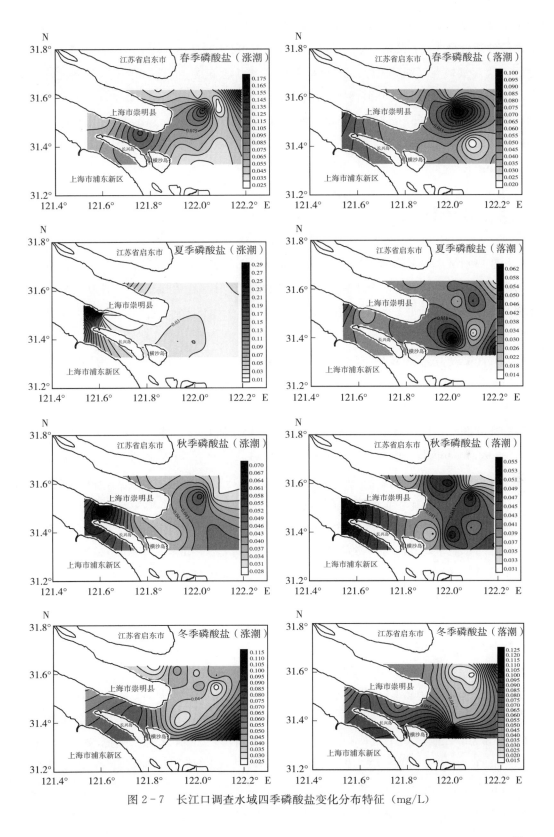

图 2-7　长江口调查水域四季磷酸盐变化分布特征（mg/L）

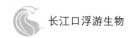

介于未检出至 0.103 mg/L，3 个水域平均磷酸盐含量相近。秋季调查期间，长江口水域平均磷酸盐含量为 0.044 mg/L，变化范围介于 0.025～0.087 mg/L，南支北港水域西部的磷酸盐含量较高（图 2-7），该水域平均磷酸盐含量为 0.051 mg/L，北港北沙和北支水域相差不大（分别为 0.043 mg/L 和 0.042 mg/L）。冬季调查期间，长江口水域平均磷酸盐含量为 0.057 mg/L，变化范围介于 0.002～0.201 mg/L，其中北港北沙水域平均磷酸盐含量最高（0.074 mg/L），北港北沙水域次之（0.062 mg/L），北支水域最低（0.043 mg/L）。

五、硅酸盐

长江口水域全年平均硅酸盐含量为 1.432 mg/L，变化范围介于 0.019～4.254 mg/L。其中南支北港和北港北沙两个水域的平均硅酸盐的含量都较为接近（分别为 1.958 mg/L 和 1.934 mg/L），而北支水域平均硅酸盐含量较低（0.848 mg/L）。长江口水域春季平均硅酸盐含量最高，为 1.710 mg/L，且变化范围较大，介于 0.019～3.210 mg/L；夏季平均硅酸盐含量为 1.236 mg/L，变化范围介于 0.290～2.049 mg/L；秋季平均硅酸盐含量为 1.095 mg/L，变化范围介于 0.271～2.075 mg/L；冬季平均硅酸盐含量为 1.686 mg/L，变化范围介于 0.438～4.254 mg/L。

在涨潮期间，长江口水域全年平均硅酸盐含量为 1.422 mg/L，年度变化范围介于 0.019～4.254 mg/L（图 2-8）。春季调查期间，长江口水域平均硅酸盐含量为 1.625 mg/L，变化范围介于 0.019～3.210 mg/L，其中北港北沙水域平均硅酸盐含量最高（2.142 mg/L），南支北港水域次之（2.033 mg/L），北支水域最低（1.082 mg/L）。夏季长江口水域平均硅酸盐含量为 1.226 mg/L，变化范围介于 0.348～2.000 mg/L，其中北港北沙水域平均硅酸盐含量最高（1.498 mg/L），南支北港水域次之（1.472 mg/L），北支水域最低（0.926 mg/L）。秋季调查期间，长江口水域平均硅酸盐含量全年最低，为 1.105 mg/L，变化范围介于 0.274～2.075 mg/L，北支水域平均硅酸盐含量为 3 个调查水域中最低（0.593 mg/L），南支北港与北港北沙水域较高（分别为 1.584 mg/L 和 1.536 mg/L）。冬季调查期间，长江口水域平均硅酸盐含量为 1.730 mg/L，变化范围介于 0.441～4.254 mg/L，其中北港北沙水域平均硅酸盐含量最高（2.624 mg/L），南支北港水域次之（2.511 mg/L），北支水域仍为 3 个调查水域中最低（0.757 mg/L）。

在落潮期间，长江口水域全年平均硅酸盐含量为 1.442 mg/L，年度变化范围介于 0.032～3.357 mg/L（图 2-8）。春季调查期间，长江口水域平均硅酸盐含量为 1.795 mg/L，介于 0.032～3.175 mg/L，其中南支北港水域平均硅酸盐含量最高（2.394 mg/L），北港北沙水域次之（2.270 mg/L），北支水域最低（1.198 mg/L）。夏季长江口水域平均硅酸盐含量下降至 1.246 mg/L，变化范围介于 0.290～2.049 mg/L，南

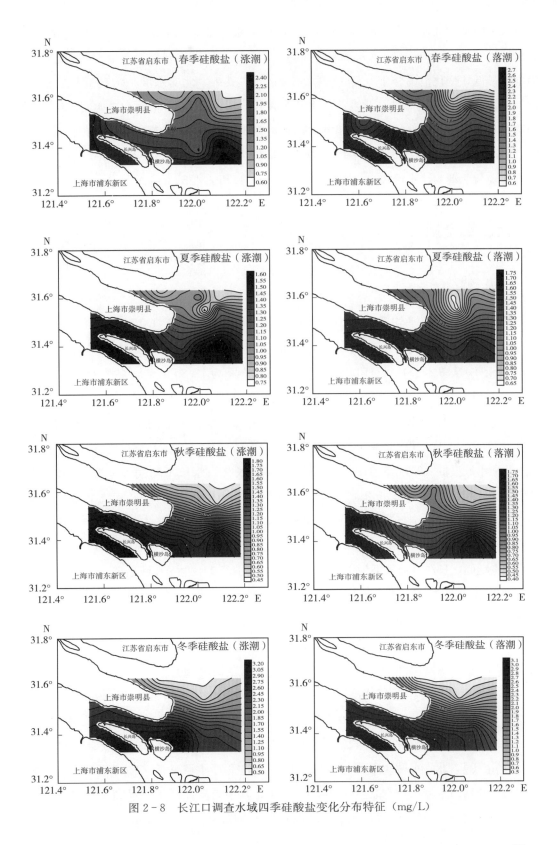

图 2-8 长江口调查水域四季硅酸盐变化分布特征（mg/L）

支北港水域平均硅酸盐含量最高（1.562 mg/L），北港北沙水域次之（1.511 mg/L），北支水域最低（0.921 mg/L）。秋季调查期间，长江口水域平均硅酸盐含量为 1.084 mg/L，为全年最低，变化范围介于 0.271～1.947 mg/L，其中，北支水域平均硅酸盐含量最低（0.637 mg/L），南支北港与北港北沙水域较高（分别为 1.493 mg/L 和 1.464 mg/L）。冬季调查期间，长江口水域平均硅酸盐含量为 1.642 mg/L，变化范围介于 0.438～3.357 mg/L，其中，北支水域平均硅酸盐含量仍为 3 个调查水域中最低（0.668 mg/L），南支北港与北港北沙水域较高（分别为 2.612 mg/L 和 2.423 mg/L）。

六、重金属

（一）铜

长江口水域全年平均铜含量为 14.19 μg/L，变化范围介于 1.17～358.81 μg/L。其中，南支北港水域最高（19.09 μg/L），北港北沙水域次之（15.57 μg/L），北支水域最低（11.11 μg/L）（图 2-9）。长江口水域平均铜含量春季为 12.89 μg/L，夏季为 17.28 μg/L，秋季为 10.10 μg/L，冬季为 16.49 μg/L。在涨潮期间，长江口水域全年平均铜含量为 15.31 μg/L，年度变化范围介于 1.17～358.81 μg/L。春季调查期间，长江口水域平均铜含量为 11.22 μg/L，其中北港北沙水域最高（13.27 μg/L），北支水域次之（10.83 μg/L），南支北港水域最低（8.71 μg/L）。夏季调查期间，长江口水域平均铜含量为 26.37 μg/L，其中北支水域最低（6.52 μg/L），北港北沙水域居中（35.63 μg/L），南支北港水域最高（57.29 μg/L）。秋季调查期间，长江口水域平均铜含量显著下降至 8.71 μg/L，其中北支水域最低（6.78 μg/L），北港北沙水域居中（9.45 μg/L），南支北港水域最高（11.95 μg/L）。冬季调查期间，长江口水域平均铜含量为 14.96 μg/L，其中北支水域最高（16.88 μg/L），南支北港水域次之（14.11 μg/L），北港北沙水域最低（12.78 μg/L）。在落潮期间，长江口水域全年平均铜含量为 13.06 μg/L，年度变化范围介于 1.20～101.86 μg/L。春季调查期间，长江口水域平均铜含量为 14.56 μg/L，其中南支北港水域普遍偏低（平均值为 9.84 μg/L），而北港北沙水域普遍偏高（平均值为 20.57 μg/L），北支水域居中（平均值为 12.29 μg/L）。夏季调查期间，长江口水域平均铜含量下降至 8.17 μg/L，其中北港北沙水域最高（10.46 μg/L），南支北港水域次之（7.74 μg/L），北支水域最低（6.75 μg/L）。秋季调查期间，长江口水域平均铜含量为 11.50 μg/L，南支北港水域最高（17.92 μg/L），北支水域次之（10.59 μg/L），北港北沙水域最低（8.91 μg/L）。冬季调查期间，长江口水域平均铜含量为 18.01 μg/L，其中南支北港水域最高（25.16 μg/L），北支水域次之（18.19 μg/L），北港北沙水域最低（13.48 μg/L）。

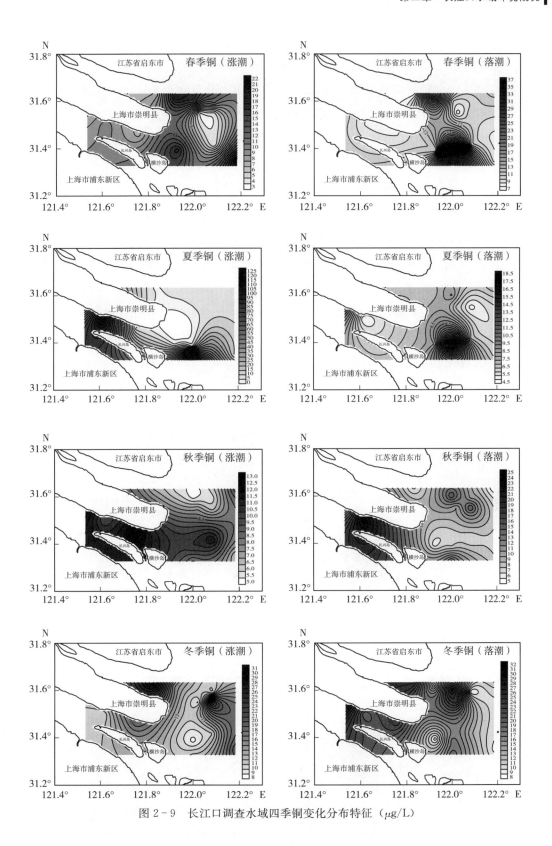

图 2-9　长江口调查水域四季铜变化分布特征（μg/L）

（二）锌

长江口水域全年平均锌含量为 27.54 $\mu g/L$，变化范围介于 1.35～287.39 $\mu g/L$。其中，北支水域最高（35.36 $\mu g/L$），北港北沙水域次之（21.70 $\mu g/L$），南支北港水域最低（19.04 $\mu g/L$）（图 2-10）。长江口水域平均锌含量春季为 32.03 $\mu g/L$，夏季为 18.63 $\mu g/L$，秋季为 27.89 $\mu g/L$，冬季为 31.63 $\mu g/L$。在涨潮期间，长江口水域全年平均锌含量为 24.47 $\mu g/L$，年度变化范围介于 1.85～127.12 $\mu g/L$。春季调查期间，长江口水域平均锌含量为 21.87 $\mu g/L$，其中北支水域最高（26.95 $\mu g/L$），北港北沙水域次之（20.33 $\mu g/L$），南支北港水域最低（12.59 $\mu g/L$）。夏季调查期间，长江口水域平均锌含量为 16.83 $\mu g/L$，其中北支水域最高（23.16 $\mu g/L$），南支北港水域次之（15.99 $\mu g/L$），北港北沙水域最低（8.47 $\mu g/L$）。秋季调查期间，长江口水域平均锌含量为 24.48 $\mu g/L$，其中北支水域最高（29.99 $\mu g/L$），南支北港水域和北港北沙水域较低（分别为 19.22 $\mu g/L$ 和 19.94 $\mu g/L$）。冬季调查期间，长江口水域平均锌含量为34.69 $\mu g/L$，其中北支水域最高（39.75 $\mu g/L$），北港北沙水域次之（32.29 $\mu g/L$），南支北港水域最低（26.91 $\mu g/L$）。在落潮期间，长江口水域全年平均锌含量为 30.62 $\mu g/L$，年度变化范围介于 1.35～287.39 $\mu g/L$。春季调查期间，长江口水域平均锌含量为 42.19 $\mu g/L$，其中北支水域最高（53.81 $\mu g/L$），北港北沙水域次之（40.88 $\mu g/L$），南支北港水域最低（17.27 $\mu g/L$）。夏季调查期间，长江口水域平均锌含量下降至 20.42 $\mu g/L$，其中北支水域最高（30.76 $\mu g/L$），南支北港

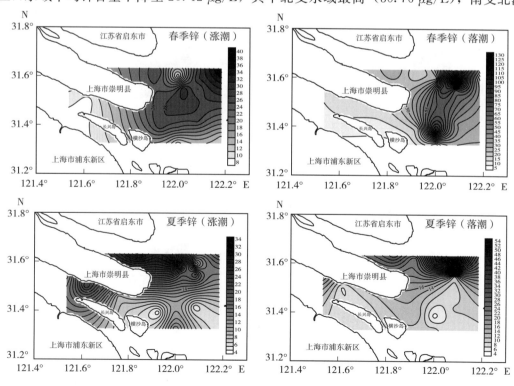

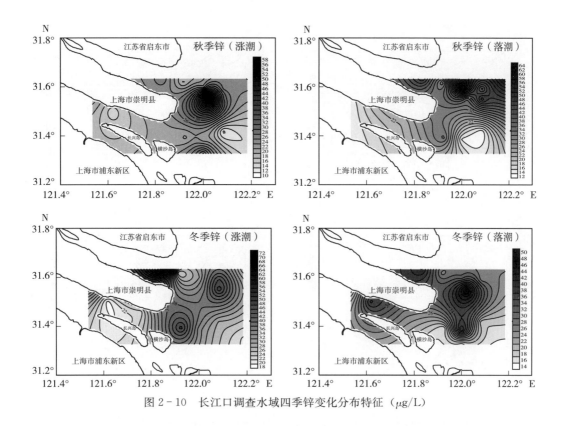

图2-10 长江口调查水域四季锌变化分布特征（μg/L）

水域次之（13.66 μg/L），北港北沙水域最低（10.00 μg/L）。秋季调查期间，长江口水域平均锌含量为 31.30 μg/L，其中北支水域最高（44.67 μg/L），北港北沙水域次之（20.01 μg/L），南支北港水域最低（18.91 μg/L）。冬季调查期间，长江口水域平均锌含量为 28.57 μg/L，其中北支水域最高（33.81 μg/L），南支北港水域和北港北沙水域较低（分别为 27.80 μg/L 和 21.71 μg/L）。

（三）铅

长江口水域全年平均铅含量为 4.66 μg/L，年度变化范围介于 0.05～60.69 μg/L。其中，北支水域为 4.36 μg/L，南支北港水域为 5.27 μg/L，北港北沙水域为4.70 μg/L（图2-11）。长江口水域平均铅含量春季为 7.75 μg/L，夏季为 2.17 μg/L，秋季为 4.69 μg/L，冬季为 4.02 μg/L。在涨潮期间，长江口水域全年平均铅含量为 4.66 μg/L，年度变化范围介于 0.05～33.44 μg/L。春季调查期间，长江口水域平均铅含量为 7.28 μg/L，3 个水域平均铅含量相当。夏季调查期间，长江口水域平均铅含量为 1.86 μg/L，其中南支北港水域最高（2.44 μg/L），北港北沙水域次之（2.05 μg/L），北支水域最低（1.48 μg/L）。秋季调查期间，长江口水域平均铅含量为5.78 μg/L，3 个水域平均铅含量相差不大。冬季调查期间，长江口水域平均铅含量为3.72 μg/L；相较于秋季，北支水域下降至3.70 μg/L，

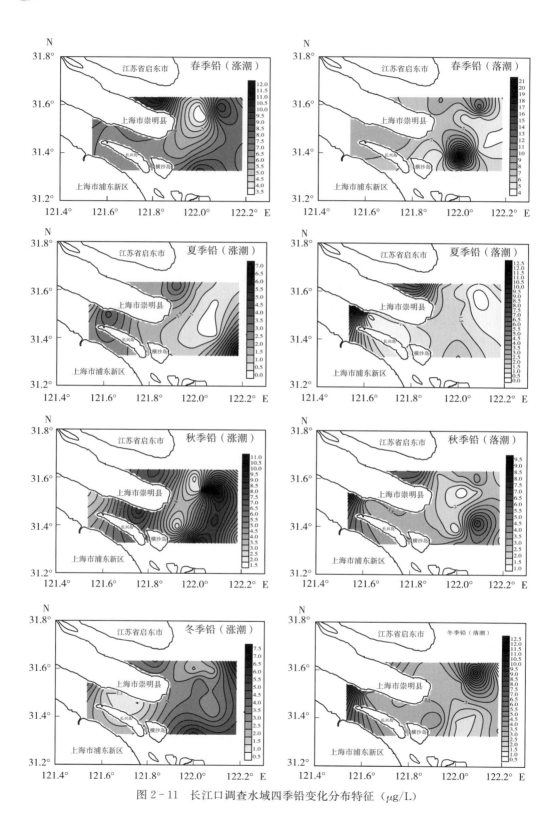

图 2-11　长江口调查水域四季铅变化分布特征（μg/L）

南支北港水域下降至2.25 μg/L，北港北沙水域下降至4.63 μg/L。在落潮期间，长江口水域全年平均铅含量为4.66 μg/L，年度变化范围较大，介于0.09~60.69 μg/L。春季调查期间，长江口水域平均铅含量为8.22 μg/L，3个水域平均铅含量较为接近。夏季调查期间，长江口水域平均铅含量下降至2.48 μg/L，其中南支北港水域最高（4.50 μg/L），北支水域次之（2.16 μg/L），北港北沙水域最低（1.72 μg/L）。秋季调查期间，长江口水域平均铅含量为3.60 μg/L，其中南支北港水域最高（5.26 μg/L），北港北沙水域次之（3.64 μg/L），北支水域最低（2.87 μg/L）。冬季调查期间，长江口水域平均铅含量为4.32 μg/L，南支北港水域最高（6.53 μg/L），北支水域次之（4.47 μg/L），北港北沙水域最低（2.78 μg/L）。

（四）镉

长江口水域全年平均镉含量为0.32 μg/L，年度变化范围介于0.02~8.87 μg/L。其中，北支水域为0.36 μg/L，南支北港水域为0.24 μg/L，北港北沙水域为0.32 μg/L（图2-12）。长江口水域平均镉含量春季为0.32 μg/L，夏季为0.49 μg/L，秋季为0.18 μg/L，冬季为0.31 μg/L。在涨潮期间，长江口水域全年平均镉含量为0.33 μg/L，年度变化范围介于0.02~8.87 μg/L。春季调查期间，长江口水域平均镉含量为0.28 μg/L，3个水域平均镉含量相当。夏季调查期间，长江口水域平均镉含量为0.50 μg/L，其中北支水域最高（0.85 μg/L），北港北沙水域次之（0.22 μg/L），南支北港水域最低（0.14 μg/L）。秋季调查期间，长江口水域平均镉含量为0.19 μg/L，3个水域平均镉含量相当。冬季调查期间，长江口水域平均镉含量为0.35 μg/L，全水域镉含量分布较均匀。在落潮期间，长江口水域全年平均镉含量为0.32 μg/L，年度变化范围较大，介于0.02~6.79 μg/L。春季调查期间，长江口水域平均镉含量为0.35 μg/L，其中北港北沙水域最高（0.48 μg/L），南支北港水域和北支水域较低（分别为0.28 μg/L和0.29 μg/L）。夏季调查期间，长江口水域平均镉含量为0.49 μg/L，其中南支北港水域最低（0.30 μg/L），北支水域居中（0.44 μg/L），北港北沙水域最高（0.66 μg/L）。秋季调查期间，长江口水域平均镉含量为0.17 μg/L，3个水域镉含量相差不大。冬季调查期间，长江口水域平均镉含量为0.27 μg/L，3个水域镉含量分布较均匀。

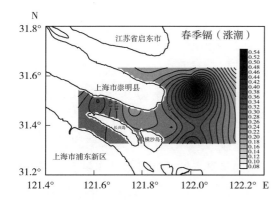
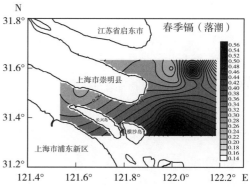

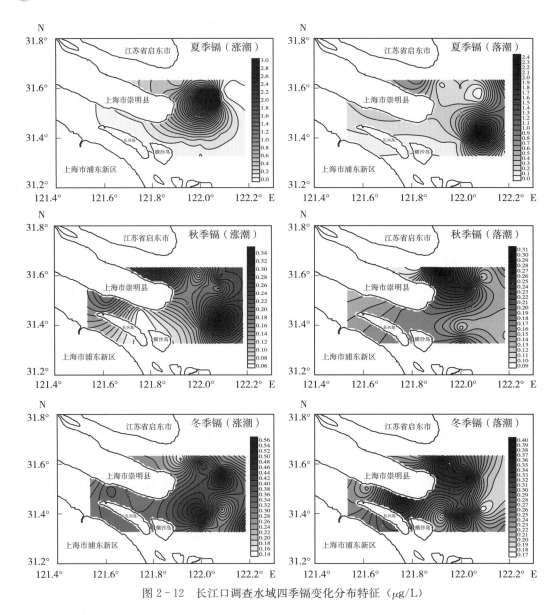

图 2-12 长江口调查水域四季镉变化分布特征（µg/L）

（五）汞

长江口水域全年平均汞含量为 0.10 µg/L，年度变化范围介于未检出至 0.87 µg/L。其中，北支水域为 0.11 µg/L，南支北港水域为 0.07 µg/L，北港北沙水域为 0.10 µg/L（图 2-13）。长江口水域平均汞含量春季为 0.07 µg/L，夏季为 0.07 µg/L，秋季为 0.11 µg/L，冬季为 0.16 µg/L。在涨潮期间，长江口水域全年平均汞含量为 0.10 µg/L，年度变化范围介于未检出至 0.95 µg/L。春季调查期间，长江口水域平均汞含量为 0.07 µg/L，其中南支北港水域最高（0.11 µg/L），北支水域和北港北沙水域较低（分别为 0.06 µg/L 和 0.07 µg/L）。夏季调查期间，长江口水域平均汞含量为 0.05 µg/L，南支

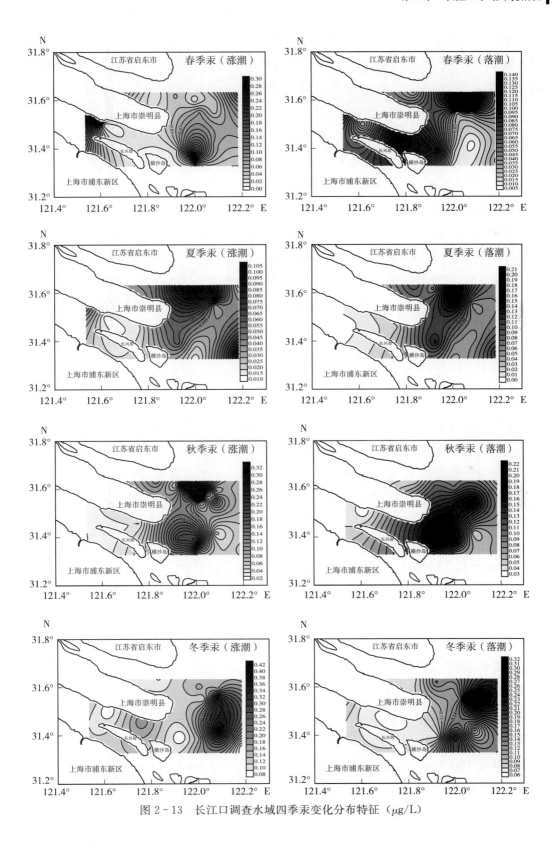

图 2-13　长江口调查水域四季汞变化分布特征（μg/L）

北港水域下降明显（图 2-13），该水域平均汞含量为 0.03 μg/L，为全水域最低；北港北沙水域平均汞含量为 0.05 μg/L；北支水域为 0.07 μg/L。秋季调查期间，长江口水域平均汞含量为 0.11 μg/L，其中北支水域和北港北沙水域较高（分别为 0.13 μg/L 和 0.12 μg/L），南支北港水域仍为全水域最低（0.04 μg/L）。冬季调查期间，长江口水域平均汞含量为 0.17 μg/L，其中北支和北港北沙水域含量相近（分别为 0.17 μg/L 和 0.18 μg/L）（图 2-13），南支北港水域较低（0.14 μg/L）。在落潮期间，长江口水域全年平均汞含量为 0.10 μg/L，年度变化范围介于未检出至 0.51 μg/L。春季调查期间，长江口水域平均汞含量为 0.06 μg/L，其中北港北沙水域最低（0.04 μg/L），南支北港水域和北支水域较高（分别为 0.08 μg/L 和 0.07 μg/L）。夏季调查期间，长江口水域平均汞含量为 0.08 μg/L，其中北支水域最高（0.11 μg/L），北港北沙水域次之（0.08 μg/L），南支北港水域最低（0.02 μg/L）。秋季调查期间，长江口水域平均汞含量为 0.11 μg/L，北支水域和北港北沙水域相近（分别为 0.11 μg/L 和 0.12 μg/L）（图 2-13），南支北港水域较低（0.06 μg/L）。冬季调查期间，长江口水域平均汞含量为 0.15 μg/L，其中北支水域最高（0.18 μg/L），北港北沙水域次之（0.15 μg/L），南支北港水域最低（0.08 μg/L）。

（六）砷 *

长江口水域全年平均砷含量为 3.83 μg/L，年度变化范围介于未检出至 12.58 μg/L。其中，北支水域为 3.70 μg/L，南支北港水域为 4.07 μg/L，北港北沙水域为 3.88 μg/L（图 2-14）。长江口水域平均砷含量春季为 2.50 μg/L，夏季为 3.08 μg/L，秋季为 3.74 μg/L，冬季为 6.01 μg/L。在涨潮期间，长江口水域全年平均砷含量为 3.77 μg/L，年度变化范围介于未检出至 11.85 μg/L。春季调查期间，长江口水域平均砷含量为 2.51 μg/L，变化范围介于未检出至 7.01 μg/L。3 个水域平均砷含量较为相近。夏季调查期间，长江口水域平均砷含量为 2.95 μg/L，其中南支北港水域最高（3.40 μg/L），北港北沙水域次之（2.99 μg/L），北支水域最低（2.74 μg/L）。秋季调查期间，长江口水域平均砷含量为 3.60 μg/L，其中北支水域最低（3.00 μg/L），北港北沙水域居中（4.03 μg/L），南支北港水域最高（4.28 μg/L）。冬季调查期间，长江口水域平均砷含量为 6.00 μg/L，3 个水域平均砷含量较为相近。在落潮期间，长江口水域全年平均砷含量为 3.90 μg/L，年度变化范围介于未检出至 12.58 μg/L。春季调查期间，长江口水域平均砷含量为 2.48 μg/L，其中北支水域最高（2.87 μg/L），北港北沙水域次之（2.20 μg/L），南支北港水域最低（2.05 μg/L）。夏季调查期间，长江口水域平均砷含量为 3.21 μg/L，其中南支北港水域最高（4.73 μg/L），北港北沙水域次之（3.15 μg/L），北支水域最低（2.59 μg/L）。

---

* 砷（As）是一种类金属元素，具有金属元素的一些特性，在环境污染研究中通常被归为重金属，本书在相关研究中也将砷列为重金属予以分析。

秋季调查期间，长江口水域平均砷含量为 $3.88\,\mu g/L$，3 个水域平均砷含量相差无几。冬季调查期间，长江口水域平均砷含量为 $6.03\,\mu g/L$，3 个水域平均砷含量也相差不大。

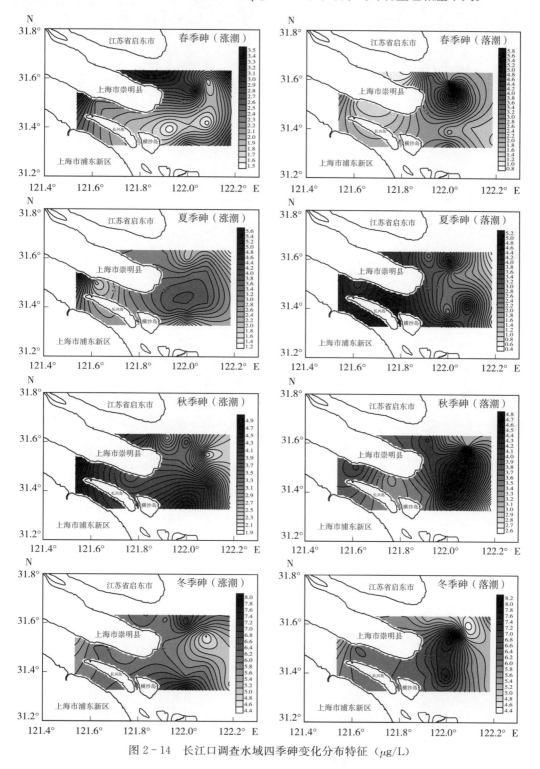

图 2-14 长江口调查水域四季砷变化分布特征（$\mu g/L$）

第三章
长江口水域
浮游植物

第一节　浮游植物调查与分析方法

一、采样和固定

浮游植物监测调查方法按照《海洋监测规范》第三部分（GB 17378.3—1998）进行。采用浅水Ⅲ型浮游生物网从底部至表层垂直拖曳获取，定性样品现场用 5％甲醛溶液固定，用以鉴定浮游植物的种类；定量样品用 1 000 mL 有机玻璃采水器采取 1 L 水样，加入 1.5％鲁哥氏液固定后倒入筒形分液漏斗中静止沉淀 24～36 h，虹吸去除上清液至20 mL，放入标本瓶中，冲洗定容至 30 mL 保存。

二、分类鉴定

在实验室采用 Olympus BX50 型显微镜对浮游植物进行种类鉴定及按个体计数、统计和分析，分类鉴定依据金德祥（1965），用 0.1 mL 计数框观察计数，浮游植物丰度单位为个/m³。

三、统计分析方法

各水生生态特征值均通过自编程序在计算机上处理得到，采用如下计算公式：

（1）优势度　$Y = \dfrac{n_i}{N} \cdot f_i$

式中，n_i 为第 i 种浮游植物的丰度；f_i 是该种在各站位中出现的频率；N 为总丰度。取浮游植物优势度 $Y \geqslant 0.02$ 的种为优势种。

（2）群落单纯度　$C = \displaystyle\sum_{i=1}^{S} \dfrac{n_i^2}{N^2}$

（3）群落丰富度　$d = \dfrac{S-1}{\log_2 N}$

（4）群落香农-威纳（Shannon-Wiener）多样性　$H' = -\displaystyle\sum_{i=1}^{S} \dfrac{n_i}{N} \log_2 \dfrac{n_i}{N}$

（5）群落均匀度　$J' = \dfrac{H'}{\log_2 S}$

（2）～（5）中，S 为浮游植物种类数；n_i 为第 i 种浮游植物的丰度；N 为总丰度；

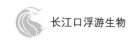

H' 为实测多样性指数。

四、调查时间与站位

同水质调查，详见第二章第一节。

第二节　浮游植物种类组成与生态类型

一、种类组成

在对长江口水域分别进行的 2004—2005 年度、2005—2006 年度和 2007—2008 年度 12 次调查中，共鉴定出浮游植物 203 种（附录一），隶属于 6 门。其中，硅藻种类最多，为 139 种，占总种数的 68.47%；其次为绿藻，有 30 种，占总种数的 14.78%；甲藻种类为 16 种，占总种数的 7.88%；蓝藻有 14 种，占总种数的 6.90%；裸藻和黄藻各 2 种，分别占总种数的 0.99%（图 3-1）。春、夏、秋、冬四季出现的种类分别为 104、113、101、121 种，秋季种类较少，冬季种类最多（表 3-1）。

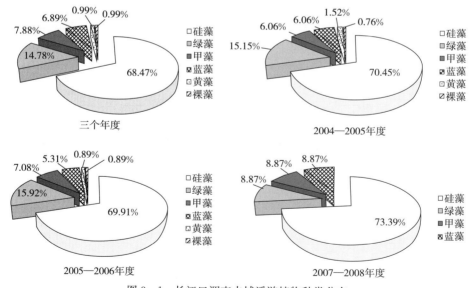

图 3-1　长江口调查水域浮游植物种类分布

从 2004—2005 年 4 个航次调查的样品中，鉴定出了 6 门 68 属共 132 种浮游植物。其中，硅藻种类最多，为 37 属 93 种，占总种数的 70.45%；其次为绿藻，17 属 20 种，占总种数的 15.15％；甲藻、蓝藻、黄藻和裸藻种类相对较少，分别占总数的 6.06％、6.06％、1.52％和 0.76％（图 3-1）。

从 2005—2006 年度 4 个航次调查的样品中，鉴定出了 6 门 53 属共 113 种浮游植物。其中，硅藻的种类最多，为 79 种，占总种数的 69.91％；其次为绿藻 18 种，占总种数的 15.93％；蓝藻、甲藻、黄藻和裸藻种类相对较少，分别占总种数的 7.08％、5.31％、0.89％和 0.89％（图 3-1）。

从 2007—2008 年度 4 个航次调查的样品中，鉴定出了 4 门 63 属共 124 种浮游植物，未鉴定到黄藻门和裸藻门种类。其中，硅藻的种类最多，为 91 种，占总种数的 73.39％；绿藻、蓝藻和甲藻均有 11 种，分别占总种数的 8.87％（图 3-1）。

（1）春季 综合长江口水域三个年度调查结果发现，在春季鉴定出了 6 门共 104 种浮游植物。其中，硅藻种类最多，为 69 种；绿藻种类次之，为 21 种；蓝藻、甲藻、黄藻和裸藻种类较少（表 3-1）。在 2004—2005 年春季鉴定出的 6 门 74 种浮游植物中，以硅藻的种类最多（52 种），占总种数的 70.27％；绿藻种类次之（14 种），占总种数的 18.92％（表 3-1）。2005—2006 年度与上年度相比，调查的浮游植物种类有所下降，共 6 门 61 种，也是硅藻种类最多（42 种），占总种数的 68.85％；其次为绿藻（10 种），占总种数的 16.39％；甲藻、蓝藻、黄藻和裸藻种类较少（表 3-1）。2007—2008 年度调查的浮游植物种类最少，共 4 门 36 种，其中，仍以硅藻种类最多（30 种），占总种数的 83.33％；绿藻、甲藻和蓝藻种类较少，未发现黄藻和裸藻（表 3-1）。

（2）夏季 在夏季调查期间，三个年度鉴定出 5 门共 113 种浮游植物。其中，硅藻种类最多，为 77 种；绿藻种类次之，为 13 种；甲藻种类为 12 种，蓝藻种类为 10 种，黄藻种类为 1 种，未发现裸藻（表 3-1）。在 2004—2005 年夏季鉴定出的 5 门 61 种浮游植物中，以硅藻种类最多（40 种），占总种数的 65.57％；绿藻种类次之（9 种），占总种数的 14.75％；甲藻、蓝藻和黄藻种类较少（表 3-1）。2005—2006 年度与上年度相比调查的浮游植物种类有所上升，共 4 门 64 种，其中也是硅藻种类最多（52 种），占总种数的 81.25％；绿藻、甲藻和蓝藻种类较少（表 3-1）。2007—2008 年度种类数最多，共 4 门 67 种，其中仍以硅藻种类最多（44 种），占总种数的 65.67％；甲藻种类次之（10 种），占总种数的 14.93％；绿藻和蓝藻种类较少（表 3-1）。

（3）秋季 在秋季调查期间，三个年度鉴定出 4 门共 101 种浮游植物。其中，硅藻的种类最多，为 78 种；绿藻种类次之，为 10 种；甲藻种类为 7 种，蓝藻种类为 6 种，未发现黄藻和裸藻（表 3-1）。在 2004—2005 年秋季鉴定出的 4 门 59 种浮游植物中，以硅藻种类最多（45 种），占总种数的 76.27％；绿藻、甲藻和蓝藻种类较少（表 3-1）。2005—2006 年度与上年度相比，调查的浮游植物种类有所下降，共 4 门 56 种，其中也是硅藻种类最多（39 种），占总种数的 69.64％；绿藻、甲藻和蓝藻种类较少（表 3-1）。2007—2008 年度鉴定出 4 门共 57 种浮游植物，其中仍以硅藻种类最多（47 种），占总种

数的 82.46%；绿藻、甲藻和蓝藻种类较少（表 3-1）。

（4）冬季　在冬季调查期间，三个年度鉴定出 5 门共 121 种浮游植物，为全年最高。其中硅藻种类最多，为 94 种；绿藻种类次之，为 13 种；蓝藻种类为 9 种，甲藻种类为 4 种，裸藻种类为 1 种，未发现黄藻（表 3-1）。在 2004—2005 年冬季鉴定出的 5 门 71 种浮游植物中，以硅藻种类最多（59 种），占总种数的 83.10%；绿藻和蓝藻种类均为 5 种，各占总种数的 7.04%；甲藻和裸藻种类较少，未发现黄藻（表 3-1）。2005—2006 年度与上年度相比调查的浮游植物种类有所下降，共 3 门 60 种，其中也是硅藻种类最多（46 种），占总种数的 76.67%；绿藻和蓝藻种类较少（表 3-1）。2007—2008 年度鉴定 4 门共 81 种，其中仍以硅藻种类最多（64 种），占总种数的 79.01%；绿藻、甲藻和蓝藻种类较少（表 3-1）。

表 3-1　长江口水域三个年度浮游植物种类组成统计（种）

门类	2004—2005 年度					2005—2006 年度					2007—2008 年度					三个年度合计				
	春	夏	秋	冬	年度	春	夏	秋	冬	年度	春	夏	秋	冬	年度	春	夏	秋	冬	总计
硅藻	52	40	45	59	93	42	52	39	46	79	30	44	47	64	91	69	77	78	94	139
绿藻	14	9	4	5	20	10	3	8	9	18	2	6	4	8	11	21	13	10	13	30
甲藻	2	4	5	1	8	3	4	3	0	6	1	10	4	3	11	4	12	7	4	16
蓝藻	4	7	5	5	8	4	5	6	5	8	3	7	2	6	11	6	10	6	9	14
黄藻	1	1	0	0	2	1	0	0	0	1	0	0	0	0	0	2	1	0	0	2
裸藻	1	0	0	1	1	1	0	0	0	1	0	0	0	0	0	2	0	0	1	2
合计	74	61	59	71	132	61	64	56	60	113	36	67	57	81	124	104	113	101	121	203

二、生态类型

调查水域位于长江口南、北支交汇处，主要受长江径流、江苏沿岸流及东海外海水的共同影响。因此，将浮游植物划成以下四大类群：

（1）**近岸低盐性类群**　该类群包括温带近岸性种类为在和广温广盐性种类。①温带近岸性种：代表种有棘圆筛藻、琼氏圆筛藻、苏氏圆筛藻、布氏双尾藻和中华盒形藻等；②广温广盐性种：代表种有温带广布性的中肋骨条藻、虹彩圆筛藻、蜂窝三角藻和夜光藻等。本类群种类最多，其数量在调查区内也占绝对优势。

（2）**外海高盐性类群**　该类群随外海高盐水进入调查区，主要为耐温、盐范围较大的热带性种类，如洛氏角毛藻、三角角藻和热带外海广布性细弱海链藻。夏季时分布在长江口中华鲟自然保护区南北两侧与最外侧 122°10′E 一线水域，数量少；秋季时分布在保护区最外侧 122°10′E 一线水域，数量少。

（3）**河口半咸水性类群**　代表种有具槽直链藻，分布在长江口中华鲟自然保护区的东北侧，数量少。

（4）淡水性类群 代表种有颗粒直链藻、盘星藻、螺旋藻和鱼腥藻等。本类群种类较多，仅次于近岸低盐性类群，主要随径流进入本调查区内，分布广，数量上占一定比例。

第三节 浮游植物数量平面分布和季节变化

一、浮游植物丰度年度季节变化

通过对三个年度12个航次的定量样品观察计数，长江口水域浮游植物的平均丰度为 484.98×10^4 个/m³（表3-2）。其中，硅藻丰度占绝对优势，平均为 481.78×10^4 个/m³，占总丰度的99.34%；其次为甲藻，平均丰度为 2.25×10^4 个/m³，占总丰度的0.46%；绿藻平均丰度为 0.76×10^4 个/m³，占总丰度的0.16%；蓝藻平均丰度为 0.21×10^4 个/m³，占总丰度的0.04%；黄藻和裸藻平均丰度很低，分别为11.28个/m³ 和5.20个/m³，占总丰度的比例均小于0.01%。

表3-2 长江口水域浮游植物平均丰度（个/m³）

门类	涨潮		落潮		平均	
	平均丰度	比例（%）	平均丰度	比例（%）	平均丰度	比例（%）
硅藻	506.65×10^4	99.01	456.90×10^4	99.70	481.78×10^4	99.34
绿藻	0.69×10^4	0.13	0.83×10^4	0.18	0.76×10^4	0.16
甲藻	4.18×10^4	0.82	0.31×10^4	0.07	2.25×10^4	0.46
蓝藻	0.17×10^4	0.03	0.25×10^4	0.05	0.21×10^4	0.04
黄藻	14.69	<0.01	7.87	<0.01	11.28	<0.01
裸藻	10.40	<0.01	0.00	0.00	5.20	<0.01
合计	511.69×10^4		458.29×10^4		484.98×10^4	

（一）涨落潮变化

从涨落潮来看，涨潮浮游植物平均丰度显著高于落潮。涨潮浮游植物平均丰度为 511.69×10^4 个/m³，其中平均丰度硅藻为 506.65×10^4 个/m³，甲藻为 4.18×10^4 个/m³，绿藻为 0.69×10^4 个/m³，蓝藻为 0.17×10^4 个/m³，黄藻和裸藻分别为14.69个/m³ 和10.40个/m³；落潮浮游植物平均丰度下降至 458.29×10^4 个/m³，其中硅藻丰度下降明显，平均丰度为 456.90×10^4 个/m³，甲藻平均丰度也显著下降至 0.31×10^4 个/m³；绿藻和蓝藻平均丰度有所上升，分别为 0.83×10^4 个/m³ 和 0.25×10^4 个/m³，黄藻平均丰度为7.87个/m³，未鉴定出裸藻。正是由于甲藻数量的大幅减少使得落潮时硅藻占总数量的比例不减反增。

（二）季节变化

长江口水域三个年度调查期间，浮游植物平均丰度的季节分布特征表现为：春季最高（1 418.00×10⁴ 个/m³），夏季次之（342.51×10⁴ 个/m³），秋季再次（148.79×10⁴ 个/m³），冬季最低（30.66×10⁴ 个/m³）。2004—2005 年度平均丰度春季最高（832.09×10⁴ 个/m³），秋季次之（228.90×10⁴ 个/m³），夏季再次（188.97×10⁴ 个/m³），冬季最低（22.08×10⁴ 个/m³）。2005—2006 年度与 2004—2005 年度相比浮游植物平均丰度变化较大，夏季显著升高（820.11×10⁴ 个/m³），明显高于其余三季；秋季和春季下降明显，分别为 30.42×10⁴ 个/m³ 和 14.69×10⁴ 个/m³；冬季为 24.48×10⁴ 个/m³。2007—2008 年度浮游植物平均丰度则又表现为春季最高，且显著高于其余三季，为 3 407.21×10⁴ 个/m³；夏季下降明显，且与秋季相当，分别为 184.59×10⁴ 个/m³ 和 187.04×10⁴ 个/m³；冬季最低，为 45.42×10⁴ 个/m³。

在涨潮期间，从长江口水域浮游植物平均丰度的季节变化来看，春季最高（1 432.80×10⁴ 个/m³），夏季次之（415.13×10⁴ 个/m³），秋季再次（168.24×10⁴ 个/m³），冬季最低（30.60×10⁴ 个/m³）。2004—2005 年度平均丰度春季最高（1 633.89×10⁴ 个/m³），秋季次之（237.41×10⁴ 个/m³），夏季再次（149.91×10⁴ 个/m³），冬季最低（19.96×10⁴ 个/m³）。2005—2006 年度与 2004—2005 年度相比浮游植物平均丰度变化较大，夏季显著升高（1 072.35×10⁴ 个/m³），明显高于其余三季；春季、秋季和冬季下降明显，分别为 157.11×10⁴ 个/m³、26.21×10⁴ 个/m³ 和 17.62×10⁴ 个/m³。2007—2008 年度浮游植物平均丰度则又表现为春季最高，且显著高于其余三季，为 2 648.80×10⁴ 个/m³；夏季下降明显，且与秋季相当，分别为 23.14×10⁴ 个/m³ 和 24.11×10⁴ 个/m³；冬季显著升高至 54.21×10⁴ 个/m³。

在落潮期间，从长江口水域浮游植物平均丰度的季节变化来看，春季最高（1 403.20×10⁴ 个/m³），夏季次之（269.89×10⁴ 个/m³），秋季再次（129.33×10⁴ 个/m³），冬季最低（30.72×10⁴ 个/m³）。2004—2005 年度浮游植物丰度的季节分布与涨潮时差别较大，其中夏季最高（228.03×10⁴ 个/m³），秋季次之（220.38×10⁴ 个/m³），春季平均丰度为30.29×10⁴ 个/m³（显著低于涨潮期间），冬季最低（24.20×10⁴ 个/m³）。2005—2006 年度平均丰度夏季显著升高（567.86×10⁴ 个/m³），虽明显高于其余三季，但较涨潮期间明显偏低；春季和秋季分别为 13.67×10⁴ 个/m³ 和 34.63×10⁴ 个/m³；冬季为 31.32×10⁴ 个/m³，显著高于涨潮期间。2007—2008 年度与 2004—2005 年度相比浮游植物平均丰度变化很大，表现为春季最高，且显著高于涨潮期间，为 4 165.63×10⁴ 个/m³；夏季下降明显，且与秋季相当，分别为 13.77×10⁴ 个/m³ 和 13.30×10⁴ 个/m³；冬季升高至 36.64×10⁴ 个/m³。

二、浮游植物丰度平面分布特征

通过 2004—2005 年度春、夏、秋、冬 4 个航次涨落潮调查定量样品的观察计数，长江口水域浮游植物丰度分布特征如图 3 - 2 所示。在春季涨潮航次中，北支水域（1～7 站位）浮游植物丰度显著高于其余两个水域，其平均值为 3 484.64×10^4 个/m^3；北港北沙水域（11～15 站位）浮游植物丰度次之，其平均值为 19.69×10^4 个/m^3；南支北港水域（8～10 站位）浮游植物丰度最低，其平均值仅为 5.80×10^4 个/m^3。其中，北支水域 6 号站浮游植物丰度最高（24 186.60×10^4 个/m^3），南支北港水域 9 号站浮游植物丰度最低（2.19×10^4 个/m^3）（图 3 - 2）。在春季落潮航次中，北港北沙水域浮游植物丰度最高，其平均值为 38.03×10^4 个/m^3；北支水域浮游植物丰度次之，其平均值为 27.55×10^4 个/m^3；南支北港水域浮游植物丰度最低，其平均值为 23.79×10^4 个/m^3。其中，北港北沙水域 15 号站浮游植物丰度最高（134.76×10^4 个/m^3），南支北港水域 8 号站浮游植物丰度最低（2.59×10^4 个/m^3），北支水域 6 号站浮游植物丰度显著下降至 18.60×10^4 个/m^3（图 3 - 2）。

在夏季涨潮航次中，北支水域浮游植物丰度最高，其平均值为 119.65×10^4 个/m^3；北港北沙水域浮游植物丰度次之，其平均值为 143.15×10^4 个/m^3；南支北港水域浮游植物丰度最低，其平均值仅为 45.11×10^4 个/m^3。其中，北支水域 7 号站浮游植物丰度最高（712.28×10^4 个/m^3），南支北港水域 9 号站浮游植物丰度最低（7.87×10^4 个/m^3）（图 3 - 2）。在夏季落潮航次中，北港北沙水域浮游植物丰度最高，其平均值为 643.73×10^4 个/m^3；南支北港水域浮游植物丰度次之，其平均值为 30.47×10^4 个/m^3；北港北沙水域浮游植物丰度最低，其平均值仅为 15.68×10^4 个/m^3。其中，北港北沙水域 13 号站浮游植物丰度最高（2 646.00×10^4 个/m^3），北支水域 6 号站浮游植物丰度最低（1.09×10^4 个/m^3）（图 3 - 2）。

在秋季涨潮航次中，北支水域浮游植物丰度最高，其平均值为 462.18×10^4 个/m^3；北港北沙水域浮游植物丰度次之，其平均值为 50.88×10^4 个/m^3；南支北港水域浮游植物丰度最低，其平均值仅为 23.86×10^4 个/m^3。其中，北支水域 7 号站浮游植物丰度最高（1 903.80×10^4 个/m^3），南支北港水域 9 号站浮游植物丰度最低（3.70×10^4 个/m^3）（图 3 - 2）。在秋季落潮航次中，仍是北支水域浮游植物丰度最高，其平均值为 410.29×10^4 个/m^3；北港北沙水域浮游植物丰度次之，其平均值为 78.33×10^4 个/m^3；南支北港水域浮游植物丰度最低，其平均值仅为 13.99×10^4 个/m^3。其中，北支水域 3 号站浮游植物丰度最高（1 839.05×10^4 个/m^3），南支北港水域 9 号站浮游植物丰度最低（1.80×10^4 个/m^3）（图 3 - 2）。

在冬季涨潮航次中，北支、南支北港和北港北沙 3 个水域浮游植物丰度相差不大，其平均值分别为 22.49×10^4 个/m^3、15.00×10^4 个/m^3 和 19.39×10^4 个/m^3。其中，北支水域 7 号站浮游植物丰度最高（79.53×10^4 个/m^3），南支北港 8 号站浮游植物丰度最低

（1.75×10^4 个/m³）（图 3-2）。在冬季落潮航次中，北支、南支北港和北港北沙 3 个水域浮游植物丰度更加相近，其平均值分别为 24.57×10^4 个/m³、23.44×10^4 个/m³ 和 24.14×10^4 个/m³。其中，北支水域 2 号站浮游植物丰度最高（71.40×10^4 个/m³），南支北港 8 号站浮游植物丰度最低（0.44×10^4 个/m³）（图 3-2）。

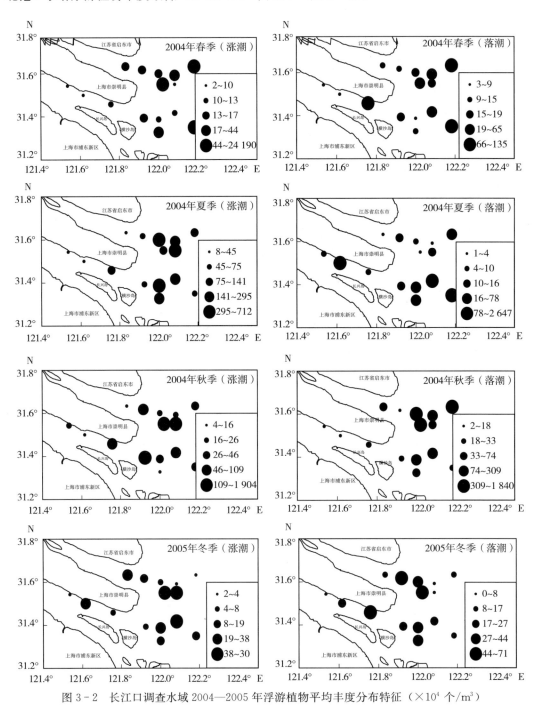

图 3-2　长江口调查水域 2004—2005 年浮游植物平均丰度分布特征（$\times 10^4$ 个/m³）

通过 2005—2006 年度春、夏、秋、冬 4 个航次涨落潮调查定量样品的观察计数，长江口水域浮游植物丰度分布特征如图 3-3 所示。在春季涨潮航次中，北支水域浮游植物丰度略高于其余两个水域，其平均值为 20.70×10^4 个/m^3；北港北沙水域浮游植物丰度次之，其平均值为 15.26×10^4 个/m^3；南支北港水域浮游植物丰度最低，其平均值仅为 4.83×10^4 个/m^3。其中，北支水域 4 号站浮游植物丰度最高（46.80×10^4 个/m^3），南支北港水域 9 号站浮游植物丰度最低（0.90×10^4 个/m^3）（图 3-3）。在春季落潮航次中，仍是北支水域浮游植物丰度最高，其平均值为 18.58×10^4 个/m^3；北港北沙水域浮游植物丰度次之，其平均值为 10.16×10^4 个/m^3；南支北港水域浮游植物丰度最低，其平均值为 8.09×10^4 个/m^3。其中，北支水域 5 号站浮游植物丰度最高（59.85×10^4 个/m^3），南支北港水域 8 号站浮游植物丰度最低（0.43×10^4 个/m^3）（图 3-3）。

在夏季涨潮航次中，南支北港水域浮游植物丰度显著低于其余两个水域，其平均值为 8.01×10^4 个/m^3；北港北沙水域浮游植物丰度最高，其平均值为 $1\ 407.25 \times 10^4$ 个/m^3；北支水域浮游植物丰度平均值为 $1\ 289.28 \times 10^4$ 个/m^3。其中，北港北沙水域 14 号站浮游植物丰度最高（$5\ 664.08 \times 10^4$ 个/m^3），南支北港水域 10 号站浮游植物丰度最低（5.58×10^4 个/m^3）（图 3-3）。在夏季落潮航次中，北支水域浮游植物丰度最高，其平均值为 994.61×10^4 个/m^3；北港北沙水域浮游植物丰度次之，其平均值为 306.71×10^4 个/m^3；南支北港水域浮游植物丰度最低，其平均值仅为 7.41×10^4 个/m^3。其中，北支水域 2 号站浮游植物丰度最高（$3\ 241.98 \times 10^4$ 个/m^3），南支北港水域 9 号站浮游植物丰度最低（1.09×10^4 个/m^3）（图 3-3）。

在秋季涨潮航次中，南支北港水域浮游植物丰度显著低于其余两个水域，其平均值仅为 3.76×10^4 个/m^3；北支水域浮游植物丰度最高，其平均值为 34.62×10^4 个/m^3；北港北沙水域浮游植物丰度平均值为 27.92×10^4 个/m^3。其中，北支水域 5 号站浮游植物丰度最高（113.30×10^4 个/m^3），南支北港水域 10 号站浮游植物丰度最低（1.14×10^4 个/m^3）（图 3-3）。在秋季落潮航次中，北港北沙水域浮游植物丰度最高，其平均值为 43.21×10^4 个/m^3；北支水域浮游植物丰度次之，其平均值为 37.41×10^4 个/m^3；南支北港水域浮游植物丰度最低，其平均值为 13.89×10^4 个/m^3，较涨潮时有显著增加。其中，北支水域 5 号站浮游植物丰度仍是最高（96.93×10^4 个/m^3），南支北港水域 9 号站浮游植物丰度最低（5.10×10^4 个/m^3）（图 3-3）。

在冬季涨潮航次中，南支北港和北港北沙 2 个水域浮游植物丰度相差不大，其平均值分别为 20.89×10^4 个/m^3 和 20.47×10^4 个/m^3，北支水域浮游植物丰度最低，其平均值为 11.34×10^4 个/m^3。其中，北港北沙水域 14 号站浮游植物丰度最高（63.23×10^4 个/m^3），北支水域 4 号站浮游植物丰度最低（2.40×10^4 个/m^3）（图 3-3）。在冬季落潮航次中，北港北沙水域浮游植物丰度最高，其平均值为 63.90×10^4 个/m^3；北支与南支北港水域浮游植物丰度相当，其平均值分别为 15.23×10⁴ 个/m³ 和 14.60×10⁴ 个/m³。其中，北港北沙水域 12 号站浮游植物丰度最高（154.62×10⁴ 个/m³），北支水域 4 号站浮游植物丰度仍最低（0.98×10⁴ 个/m³）（图 3 - 3）。

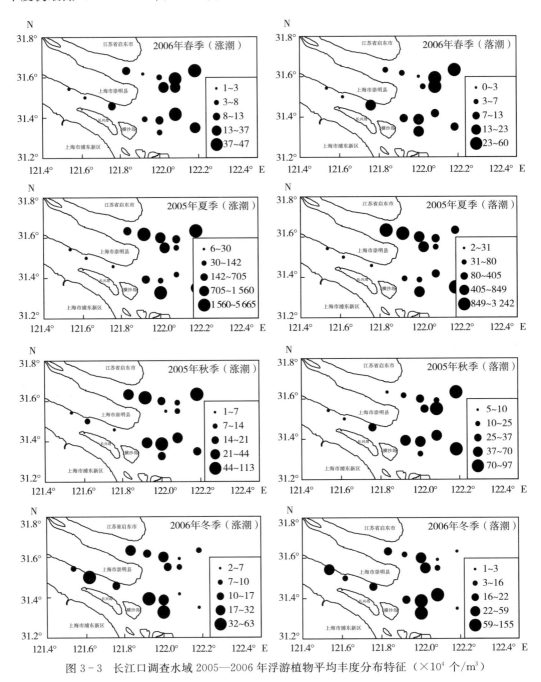

图 3 - 3　长江口调查水域 2005—2006 年浮游植物平均丰度分布特征（×10⁴ 个/m³）

通过 2007—2008 年度春、夏、秋、冬 4 个航次涨落潮调查定量样品的观察计数，长江口水域浮游植物丰度分布特征如图 3 - 4 所示。在春季涨潮航次中，北港北沙水域浮游植物丰度显著高于其余两个水域，其平均值为 7 911.05×10⁴ 个/m³；北支水域浮游植物丰度次之，其平均值为 21.90×10⁴ 个/m³；南支北港水域浮游植物丰度最低，其平均值仅为 7.80×10⁴ 个/m³。其中，北港北沙水域 12 号站浮游植物丰度最高（29 410.10×10⁴ 个/m³），北支水域 3 号站浮游植物丰度最低（2.53×10⁴ 个/m³）（图 3 - 4）。在春季落潮航次中，仍是北港北沙水域浮游植物丰度最高，其平均值为 12 477.19×10⁴ 个/m³，较涨潮期间有大幅增加；北支水域浮游植物丰度次之，其平均值为 13.03×10⁴ 个/m³；南支北港水域浮游植物丰度最低，其平均值仅为 2.43 ×10⁴ 个/m³。其中，北港北沙水域 14 号站浮游植物丰度最高（38 260.93×10⁴ 个/m³），南支北港水域 8 号站浮游植物丰度最低（0.95×10⁴ 个/m³）（图 3 - 4）。

在夏季涨潮航次中，北港北沙水域浮游植物丰度较春季涨潮航次显著下降，其平均值为 3 个水域中最低（5.59×10⁴ 个/m³）；北支水域浮游植物丰度最高，其平均值为 38.79×10⁴ 个/m³；南支北港水域浮游植物丰度平均值为 15.90×10⁴ 个/m³。其中，北支水域 7 号站浮游植物丰度最高（160.53×10⁴ 个/m³），北港北沙水域 11 号站浮游植物丰度最低（0.72×10⁴ 个/m³）（图 3 - 4）。在夏季落潮航次中，北港北沙水域浮游植物丰度也是全水域中最低，其平均值为 8.98×10⁴ 个/m³；北支水域浮游植物丰度最高，其平均值为 18.71×10⁴ 个/m³；南支北港水域浮游植物平均丰度值为 10.25×10⁴ 个/m³。其中，北支水域 7 号站浮游植物丰度最高（91.48×10⁴ 个/m³），南支北港水域 8 号站浮游植物丰度最低（0.24×10⁴ 个/m³）（图 3 - 4）。

在秋季涨潮航次中，南支北港和北港北沙 2 个水域浮游植物丰度相差不大，其平均值分别为 215.78×10⁴ 个/m³ 和 212.90×10⁴ 个/m³，北支水域浮游植物丰度最高，其平均值为 272.10×10⁴ 个/m³。其中，北港北沙水域 14 号站浮游植物丰度最高（680.86×10⁴ 个/m³），北支水域 4 号站浮游植物丰度最低（24.80×10⁴ 个/m³）（图 3 - 4）。在秋季落潮航次中，北港北沙水域浮游植物丰度最高，其平均值为 175.21×10⁴ 个/m³；南支北港水域浮游植物丰度次之，其平均值为 138.97×10⁴ 个/m³；北支水域浮游植物丰度最低，其平均值为 100.25×10⁴ 个/m³。其中北港北沙水域 12 号站浮游植物丰度最高（518.86×10⁴ 个/m³），北支水域 6 号站浮游植物丰度最低（6.87×10⁴ 个/m³）（图 3 - 4）。

在冬季涨潮航次中，南支北港水域略高于其余两个水域，其浮游植物平均丰度为 69.50×10⁴ 个/m³；北港北沙水域浮游植物丰度次之，其平均值 55.35×10⁴ 个/m³；北支水域浮游植物丰度最低，其平均值为 46.83×10⁴ 个/m³。其中，南支北港水域 10 号站浮游植物丰度最高（164.40 ×10⁴ 个/m³），南支北港水域 9 号站浮游植物丰度最低（2.34×10⁴ 个/m³）（图 3 - 4）。在冬季落潮航次中，北港北沙水域浮游植物丰度最高，其平均值为 57.10×10⁴ 个/m³；北支水域浮游植物丰度次之，其平均值为 32.90×10⁴ 个/m³；南支北港水域浮游植物丰度最低，其平均值为 11.25×10⁴ 个/m³。其中，北港北沙水域

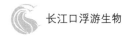長江口浮游生物

11 号站浮游植物丰度最高（95.07×10⁴ 个/m³），南支北港水域 10 号站浮游植物丰度最低（3.67×10⁴ 个/m³）（图 3-4）。

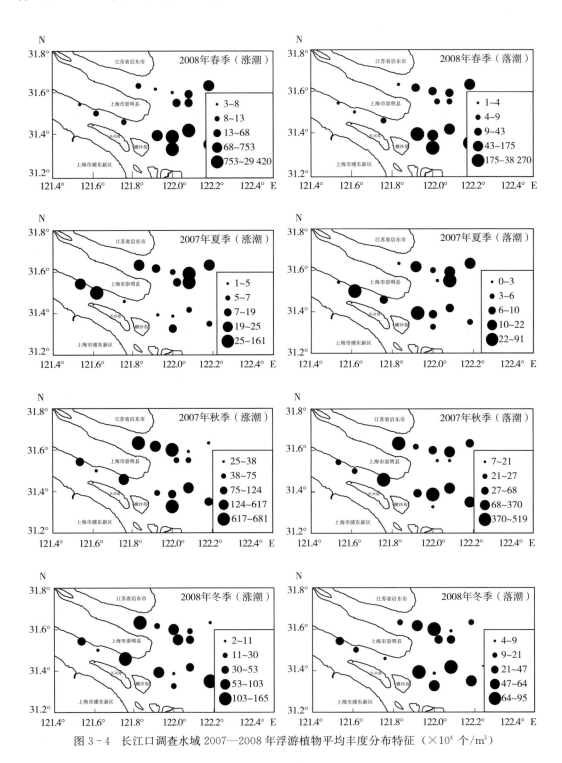

图 3-4　长江口调查水域 2007—2008 年浮游植物平均丰度分布特征（×10⁴ 个/m³）

第四节 浮游植物优势种及其分布

根据统计分析，中肋骨条藻为唯一全年优势种类。调查水域不同季节出现的优势种有所差异。春季优势种有 4 种，分别为中肋骨条藻、颗粒直链藻、琼氏圆筛藻和虹彩圆筛藻；夏季优势种有 4 种，分别为中肋骨条藻、颗粒直链藻、琼氏圆筛藻和盘星藻；秋季优势种有 2 种，即为中肋骨条藻和线形舟形藻；冬季优势种有 6 种，分别为中肋骨条藻、颗粒直链藻、朱吉直链藻、虹彩圆筛藻、翼根管藻和脆杆藻属。

一、中肋骨条藻

中肋骨条藻（*Skeletonema costatum*）是最常见的海洋浮游硅藻，分布范围极广，常在沿岸带大量出现。其对盐度的耐受性较强，在远洋高盐度区域至沿岸低盐度的淡咸水区域均有分布；对温度也有较强的适应范围，从两极到赤道均有分布。因此，它是硅藻中典型的广温性和广盐性种类，在近岸低盐水域中的分布数量较多，是贝类及一些水生动物幼体的饵料。本种对各种生态条件有广泛的适应能力，具有较高的生长率，春夏季能在河口、近岸等富营养化水域迅速繁殖而形成赤潮，对渔业资源造成危害。

2004—2005 年度长江口水域中肋骨条藻的平均丰度为 304.86×10^4 个/m³（涨潮为 496.35×10^4 个/m³、落潮为 113.36×10^4 个/m³）。其中，平均丰度春季最高，为 815.57×10^4 个/m³；夏季为 170.86×10^4 个/m³；秋季为 222.62×10^4 个/m³；冬季最低，为 10.37×10^4 个/m³。2005—2006 年度长江口水域中肋骨条藻的平均丰度为 216.24×10^4 个/m³（涨潮为 277.01×10^4 个/m³、落潮为 155.47×10^4 个/m³）。其中，夏季显著高于其余三个季节，为 810.05×10^4 个/m³；春季为 10.45×10^4 个/m³；秋季为 26.55×10^4 个/m³；冬季为 17.90×10^4 个/m³。2007—2008 年度长江口水域中肋骨条藻的平均丰度为 901.91×10^4 个/m³（涨潮为 723.56×10^4 个/m³、落潮为 $1\,080.26 \times 10^4$ 个/m³）。其中，春季显著高于其余三个季节，为 $3\,383.26 \times 10^4$ 个/m³；夏季最低，为 10.43×10^4 个/m³；秋季为 182.72×10^4 个/m³；冬季为 31.24×10^4 个/m³。

在 2004 年春季调查涨潮航次中，长江口水域中肋骨条藻的平均丰度为 $1\,617.01 \times 10^4$ 个/m³。北支水域中肋骨条藻丰度显著高于其余 2 个水域，其平均值为 $3\,455.76 \times 10^4$ 个/m³；北港北沙水域中肋骨条藻平均丰度为 12.71×10^4 个/m³；南支北港水域中肋骨条藻丰度最低，其平均值仅为 0.44×10^4 个/m³。其中，北支水域 6 号站中肋骨条藻丰度最高（$24\,105.60 \times 10^4$ 个/m³），南支北港水域 10 号站中肋骨条藻丰度最低

（未检出）（图 3-5）。在 2004 年春季调查落潮航次中，长江口水域中肋骨条藻的平均丰度为 14.14×10⁴ 个/m³。北港北沙水域中肋骨条藻丰度最高，其平均值为 29.11×10⁴ 个/m³；北支和南支北港水域中肋骨条藻丰度相当，其平均值分别为 6.42×10⁴ 个/m³ 和 7.18×10⁴ 个/m³。其中，北港北沙水域 15 号站中肋骨条藻丰度最高（127.80×10⁴ 个/m³），北支水域 6 号和 7 号站均未检出中肋骨条藻（图 3-5）。

在 2004 年夏季调查涨潮航次中，长江口水域中肋骨条藻的平均丰度显著下降至 126.22×10⁴ 个/m³。南支北港水域中肋骨条藻丰度最低，其平均值为 33.69×10⁴ 个/m³；北支和北港北沙水域中肋骨条藻丰度显著高于南支北港水域，其平均值分别为 157.75×10⁴ 个/m³ 和 137.60×10⁴ 个/m³。其中，北支水域 7 号站中肋骨条藻丰度最高（650.25×10⁴ 个/m³），北支水域 1 号站中肋骨条藻丰度最低（4.80×10⁴ 个/m³）（图 3-5）。在 2004 年夏季调查落潮航次中，长江口水域中肋骨条藻的平均丰度为 215.50×10⁴ 个/m³。北港北沙水域中肋骨条藻丰度最高，其平均值为 626.77×10⁴ 个/m³；南支北港水域中肋骨条藻丰度次之，其平均值为 25.41×10⁴ 个/m³；北支水域中肋骨条藻丰度最低，其平均值仅为 3.21×10⁴ 个/m³。其中，北港北沙水域 13 号站中肋骨条藻丰度最高（2 583.00×10⁴ 个/m³），北支水域 6 号站中肋骨条藻丰度最低（0.22×10⁴ 个/m³）（图 3-5）。

在 2004 年秋季调查涨潮航次中，长江口水域中肋骨条藻的平均丰度为 232.30×10⁴ 个/m³。北支水域中肋骨条藻丰度最高，其平均值为 458.75×10⁴ 个/m³；北港北沙水域中肋骨条藻丰度次之，其平均值为 48.46×10⁴ 个/m³；南支北港水域中肋骨条藻丰度最低，其平均值为 10.29×10⁴ 个/m³。其中，北支水域 7 号站中肋骨条藻丰度最高（1 892.40×10⁴ 个/m³），南支北港水域 9 号站中肋骨条藻丰度最低（1.66×10⁴ 个/m³）（图 3-5）。在 2004 年秋季调查落潮航次中，长江口水域中肋骨条藻的平均丰度为 212.94×10⁴ 个/m³。北支水域中肋骨条藻丰度最高，其平均值为 399.91×10⁴ 个/m³；北港北沙水域中肋骨条藻丰度次之，其平均值为 74.88×10⁴ 个/m³；南支北港水域中肋骨条藻丰度最低，其平均值仅为 6.77×10⁴ 个/m³。其中，北支水域 3 号站中肋骨条藻丰度最高（1 805.54×10⁴ 个/m³），南支北港水域 9 号站中肋骨条藻丰度最低（0.81×10⁴ 个/m³）（图 3-5）。

在 2005 年冬季调查涨潮航次中，长江口水域中肋骨条藻的平均丰度降至全年度最低，为 9.87×10⁴ 个/m³。南支北港和北港北沙水域中肋骨条藻丰度相当，其平均值分别为 3.53×10⁴ 个/m³ 和 4.20×10⁴ 个/m³；北支水域中肋骨条藻丰度最高，其平均值为 16.64×10⁴ 个/m³。其中，北支水域 7 号站中肋骨条藻丰度最高（57.87×10⁴ 个/m³），南支北港水域 8 号站中肋骨条藻丰度最低（0.60×10⁴ 个/m³）（图 3-5）。在 2005 年冬季调查落潮航次中，长江口水域中肋骨条藻的平均丰度为 10.87×10⁴ 个/m³。北支水域中肋骨条藻丰度最高，其平均值为 17.28×10⁴ 个/m³；北港北沙水域中肋骨条藻丰度次之，其平均值为 6.63×10⁴ 个/m³；南支北港水域最低，其平均值为 2.96×10⁴ 个/m³。其中，北支水域 2 号站中肋骨条藻丰度最高（54.99×10⁴ 个/m³），北支水域 5 号站中肋骨条藻丰度最低（未检出）（图3-5）。

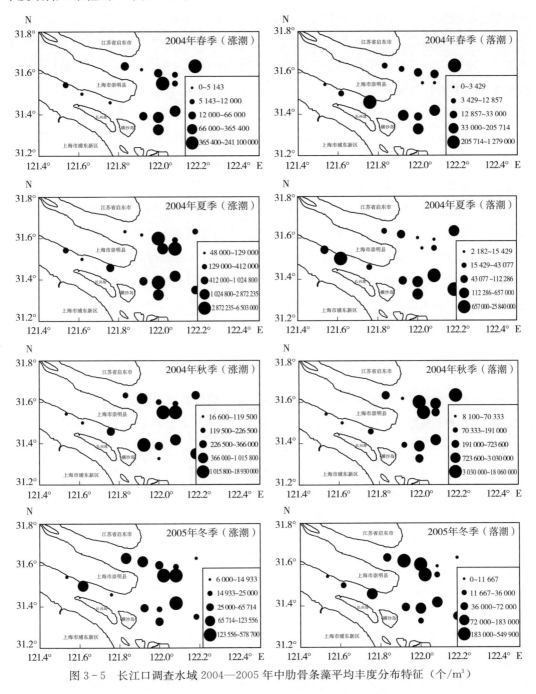

图3-5　长江口调查水域2004—2005年中肋骨条藻平均丰度分布特征（个/m³）

在2006年春季调查涨潮航次中，长江口水域中肋骨条藻的平均丰度为12.27×10⁴ 个/m³。南支北港水域中肋骨条藻丰度显著低于其余两个水域，其平均值为3.01×10⁴ 个/m³；北港北沙水域中肋骨条藻平均丰度为11.91×10⁴ 个/m³；南支北港水域中肋骨条藻丰度最高，其平均值为16.50×10⁴ 个/m³。其中，北支水域4号站中肋骨条藻丰度最高（41.20×10⁴ 个/m³），

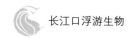

南支北港水域 9 号站中肋骨条藻丰度最低（0.30×10⁴ 个/m³）（图 3-6）。在 2006 年春季调查落潮航次中，长江口水域中肋骨条藻的平均丰度为 8.62×10⁴ 个/m³。北支水域中肋骨条藻丰度最高，其平均值为 10.16×10⁴ 个/m³；南支北港和北港北沙水域中肋骨条藻丰度相当，其平均值分别为 7.02×10⁴ 个/m³ 和 7.41×10⁴ 个/m³。其中，北支水域 4 号站中肋骨条藻丰度最高（31.27×10⁴ 个/m³），南支北港水域 8 号站中肋骨条藻丰度最低（0.06×10⁴ 个/m³）（图 3-6）。

在 2005 年夏季调查涨潮航次中，长江口水域中肋骨条藻的平均丰度为 1 061.07×10⁴ 个/m³。南支北港水域中肋骨条藻丰度最低，其平均值仅为 3.85×10⁴ 个/m³；北支和北港北沙水域中肋骨条藻丰度显著高于南支北港水域，其平均值分别为 1 272.78×10⁴ 个/m³ 和 1 399.01×10⁴ 个/m³。其中，北港北沙水域 14 号站中肋骨条藻丰度最高（5 656.50×10⁴ 个/m³），南支北港水域 9 号站中肋骨条藻丰度最低（2.38×10⁴ 个/m³）（图 3-6）。在 2005 年夏季调查落潮航次中，长江口水域中肋骨条藻的平均丰度为 559.02×10⁴ 个/m³。北支水域中肋骨条藻丰度最高，其平均值为 983.23×10⁴ 个/m³；北港北沙水域中肋骨条藻丰度次之，其平均值为 298.72×10⁴ 个/m³；南支北港水域中肋骨条藻丰度最低，其平均值仅为 3.03×10⁴ 个/m³。其中，北支水域 2 号站中肋骨条藻丰度最高（3 225.00×10⁴ 个/m³），南支北港水域 9 号站中肋骨条藻丰度最低（1.11×10⁴ 个/m³）（图 3-6）。

在 2005 年秋季调查涨潮航次中，长江口水域中肋骨条藻的平均丰度为 22.74×10⁴ 个/m³。北支水域中肋骨条藻丰度最高，其平均值为 33.38×10⁴ 个/m³；北港北沙水域中肋骨条藻丰度次之，其平均值为 19.84×10⁴ 个/m³；南支北港水域中肋骨条藻丰度最低，其平均值为 2.75×10⁴ 个/m³。其中，北支水域 5 号站中肋骨条藻丰度最高（112.50×10⁴ 个/m³），南支北港水域 10 号站中肋骨条藻丰度最低（0.74×10⁴ 个/m³）（图 3-6）。在 2005 年秋季调查落潮航次中，长江口水域中肋骨条藻的平均丰度为 30.36×10⁴ 个/m³。南支北港水域中肋骨条藻丰度最低，其平均值为 8.61×10⁴ 个/m³；北支水域和北港北沙水域中肋骨条藻丰度相近，其平均值分别为 33.79×10⁴ 个/m³ 和 38.61×10⁴ 个/m³。其中，北支水域 5 号站中肋骨条藻丰度最高（96.00×10⁴ 个/m³），南支北港水域 9 号站中肋骨条藻丰度最低（3.95×10⁴ 个/m³）（图 3-6）。

在 2006 年冬季调查涨潮航次中，长江口水域中肋骨条藻的平均丰度为 11.94×10⁴ 个/m³。北港北沙水域中肋骨条藻丰度最高，其平均值为 19.75×10⁴ 个/m³；南支北港水域中肋骨条藻丰度次之，其平均值为 10.66×10⁴ 个/m³；北支水域中肋骨条藻丰度最低，其平均值为 6.91×10⁴ 个/m³。其中，北港北沙水域 14 号站中肋骨条藻丰度最高（53.00×10⁴ 个/m³），北支水域 4 号站中肋骨条藻丰度最低（0.48×10⁴ 个/m³）（图 3-6）。在 2006 年冬季调查落潮航次中，长江口水域中肋骨条藻的平均丰度为 23.86×10⁴ 个/m³。北港北沙水域中肋骨条藻丰度显著高于其余 2 个水域，其平均值为 52.29×10⁴ 个/m³；北支水域中肋骨条藻丰度次之，其平均值为 10.86×10^4 个/m³；南支北港水域中肋骨条藻丰度最低，其平均值为 6.81×10^4 个/m³。其中，北港北沙水域 12 号站中肋骨条藻丰度最高（128.00×10^4 个/m³），北支水域 4 号站中肋骨条藻丰度最低（0.18×10^4 个/m³）（图 3-6）。

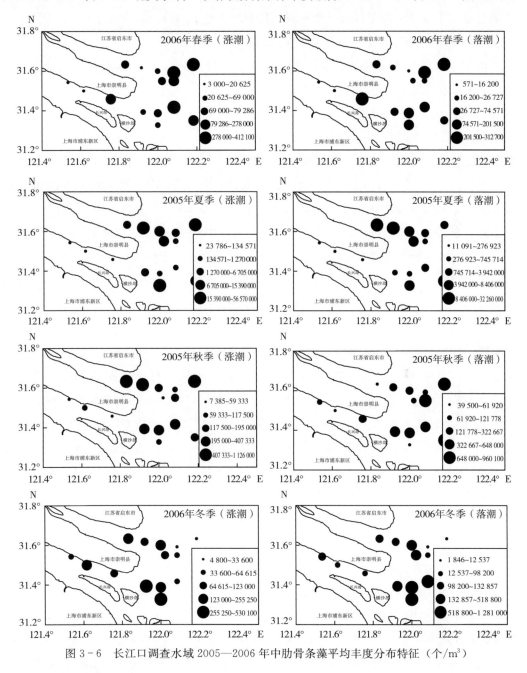

图 3-6 长江口调查水域 2005—2006 年中肋骨条藻平均丰度分布特征（个/m³）

在 2008 年春季调查涨潮航次中，长江口水域中肋骨条藻的平均丰度为 $2\,603.88 \times 10^4$ 个/m³。北港北沙水域中肋骨条藻丰度显著高于其余 2 个水域，其平均值为 $7\,779.56 \times 10^4$ 个/m³；北支和南支北港水域中肋骨条藻平均丰度分别为 20.40×10^4 个/m³ 和 5.83×10^4 个/m³。其中，北港北沙水域 12 号站中肋骨条藻丰度最高（28 780.00×10⁴ 个/m³），北支水域 3 号站中肋骨条藻丰度最低（1.47×10⁴ 个/m³）（图 3-7）。在 2008 年春季调查落潮航次中，长江口水域中肋骨条藻的平均丰度为 4 162.65×10⁴ 个/m³，为全年度最高。北港北沙水域中肋骨条藻丰度显著高于其余 2 个水域，其平均值为 12 471.48×10⁴ 个/m³；北支水域和南支北港水域中肋骨条藻平均丰度分别为 10.88×10⁴ 个/m³ 和 2.04×10⁴ 个/m³。其中，北港北沙水域 14 号站中肋骨条藻丰度最高（38 253.33×10⁴ 个/m³），南支北港水域 8 号站中肋骨条藻丰度最低（0.12×10⁴ 个/m³）（图 3-7）。

在 2007 年夏季调查涨潮航次中，长江口水域中肋骨条藻的平均丰度为 13.46×10⁴ 个/m³。北支水域中肋骨条藻丰度最高，其平均值为 26.49×10⁴ 个/m³；南支北港水域和北港北沙水域中肋骨条藻丰度显著低于北支水域，其平均值分别为 1.18×10⁴ 个/m³ 和 2.60×10⁴ 个/m³。其中，北支水域 7 号站中肋骨条藻丰度最高（148.03×10⁴ 个/m³），南支北港水域 9 号站中肋骨条藻丰度最低（0.17×10⁴ 个/m³）（图 3-7）。在 2007 年夏季调查落潮航次中，长江口水域中肋骨条藻的平均丰度为 7.39×10⁴ 个/m³。北支水域中肋骨条藻丰度最高，其平均值为 12.56×10⁴ 个/m³；南支北港水域和北港北沙水域中肋骨条藻丰度显著低于北支水域，其平均值分别为 1.83×10⁴ 个/m³ 和 3.50×10⁴ 个/m³。其中，北支水域 7 号站中肋骨条藻丰度最高（70.36×10⁴ 个/m³），南支北港水域 8 号站未检出中肋骨条藻（图 3-7）。

在 2007 年秋季调查涨潮航次中，长江口水域中肋骨条藻的平均丰度为 238.19×10⁴ 个/m³。北支水域、南支北港水域和北港北沙水域中肋骨条藻丰度相当，分别为 268.89×10⁴ 个/m³、215.32×10⁴ 个/m³ 和 208.95×10⁴ 个/m³。其中，北支水域 1 号站中肋骨条藻丰度最高（670.33×10⁴ 个/m³），北支水域 4 号站中肋骨条藻丰度最低（22.88×10⁴ 个/m³）（图 3-7）。在 2007 年秋季调查落潮航次中，长江口水域中肋骨条藻的平均丰度为 127.25×10⁴ 个/m³。北港北沙水域中肋骨条藻丰度最高，其平均值为 162.50×10⁴ 个/m³；南支北港水域中肋骨条藻丰度次之，其平均值为 136.92×10⁴ 个/m³，北支水域中肋骨条藻丰度最低，其平均值仅为 97.93×10⁴ 个/m³。其中，北支水域 1 号站中肋骨条藻丰度最高（488.57×10⁴ 个/m³），北港北沙水域 14 号站中肋骨条藻丰度最低（3.95×10⁴ 个/m³）（图 3-7）。

在 2008 年冬季调查涨潮航次中，长江口水域中肋骨条藻的平均丰度为 38.72×10⁴ 个/m³。南支北港水域中肋骨条藻丰度最高，其平均值为 49.27×10⁴ 个/m³；北支水域和北港北沙水域中肋骨条藻丰度相近，其平均值分别为 37.63×10⁴ 个/m³ 和 33.93×10⁴ 个/m³。其中，南支北港水域 10 号站中肋骨条藻丰度最高（121.96×10⁴ 个/m³），南支北港水域 9 号站中肋骨条藻丰度最低（1.11×10⁴ 个/m³）（图 3-7）。在 2008 年冬季调查落潮航次中，长江口水域中肋骨条藻的平均丰度为 23.75×10⁴ 个/m³。南支北港水域中肋骨条藻丰度显著低于其余 2 个水域，其平均值为 6.97×10⁴ 个/m³；北支水域和北港北沙水域中肋骨条藻丰度相近，其平均值为 28.28×10⁴ 个/m³ 和 27.49×10⁴ 个/m³。其中，北支水域 3 号站中肋骨条藻丰度最高（60.00×10⁴ 个/m³），北支水域 4 号站中肋骨条藻丰度最低（$2.64×10^4$ 个/m³）（图 3 - 7）。

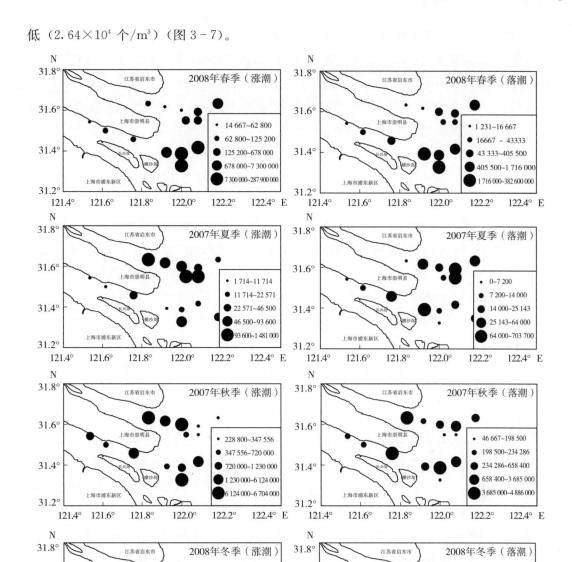

图 3 - 7 长江口调查水域 2007—2008 年中肋骨条藻平均丰度分布特征（个/m³）

二、颗粒直链藻

颗粒直链藻（*Melosira granulata*）在世界范围内广泛分布，其不仅是淡水水域中的常见优势种，而且在河口半咸水水域也占据优势地位。颗粒直链藻在我国发现的非海相

沉积的硅藻土矿中是成矿硅藻的主要种之一，其对水环境变化非常敏感，除易受水温条件限制外，在富营养化水体及污染水体中极易形成优势种群，因此成为富营养化水体及污染水体的典型指示藻种。

通过对2004—2005年度、2005—2006年度和2007—2008年度春夏秋冬共12个航次涨落潮调查定量样品的观察计数，仅在2005年冬季、2006年春季、2006年冬季、2007年夏季和2008年冬季5个航次中观察到颗粒直链藻。

在2005年冬季调查中，长江口水域颗粒直链藻的平均丰度为1.31×10^4个/m^3。在涨潮期间，长江口水域颗粒直链藻的平均丰度为1.02×10^4个/m^3。其中，北港北沙水域颗粒直链藻丰度最高，其平均值为2.44×10^4个/m^3；南支北港水域颗粒直链藻丰度次之，其平均值为0.84×10^4个/m^3；北支水域颗粒直链藻丰度最低，其平均值仅为0.08×10^4个/m^3。北港北沙水域12号站颗粒直链藻丰度最高（5.00×10^4个/m^3），北支水域1～6号站均未检测到颗粒直链藻（图3-8）。在落潮期间，长江口水域颗粒直链藻的平均丰度为1.60×10^4个/m^3。其中，北港北沙水域颗粒直链藻丰度最高，其平均值为3.35×10^4个/m^3；南支北港水域颗粒直链藻丰度次之，其平均值为2.11×10^4个/m^3；北支水域颗粒直链藻丰度最低，其平均值仅为0.13×10^4个/m^3。北港北沙水域12号站颗粒直链藻丰度最高（6.38×10^4个/m^3），北支水域除5号和7号站外均未检测到颗粒直链藻（图3-8）。

在2006年春季调查中，长江口水域颗粒直链藻的平均丰度为0.71×10^4个/m^3。在涨潮期间，长江口水域颗粒直链藻的平均丰度为0.55×10^4个/m^3。其中，北港北沙水域颗粒直链藻丰度最高，其平均值为1.26×10^4个/m^3；南支北港水域颗粒直链藻丰度次之，其平均值为0.34×10^4个/m^3；北支水域颗粒直链藻丰度最低，其平均值仅为0.13×10^4个/m^3。北港北沙水域13号站颗粒直链藻丰度最高（5.00×10^4个/m^3），超过50%的站位未检测到颗粒直链藻（图3-8）。在落潮期间，长江口水域颗粒直链藻的平均丰度为0.88×10^4个/m^3。其中，北港北沙水域颗粒直链藻丰度最高，其平均值为1.09×10^4个/m^3；北支水域颗粒直链藻丰度次之，其平均值为0.90×10^4个/m^3；南支北港水域颗粒直链藻丰度最低，其平均值仅为0.48×10^4个/m^3。北支水域5号站颗粒直链藻丰度最高（6.30×10^4个/m^3），与涨潮时一样，超过50%的站位未检测到颗粒直链藻（图3-8）。

在2006年冬季调查中，长江口水域颗粒直链藻的平均丰度为2.08×10^4个/m^3。在涨潮期间，长江口水域颗粒直链藻的平均丰度为1.79×10^4个/m^3。其中，南支北港水域颗粒直链藻丰度最高，其平均值为5.11×10^4个/m^3；北港北沙水域颗粒直链藻丰度次之，其平均值为2.15×10^4个/m^3；北支水域颗粒直链藻丰度最低，其平均值仅为0.10×10^4个/m^3。南支北港水域9号站颗粒直链藻丰度最高（13.39×10^4个/m^3），北支水域除1号站外均未检测到颗粒直链藻（图3-8）。在落潮期间，长江口水域颗粒直链藻的平均丰度为2.37×10^4个/m^3。其中，北港北沙水域颗粒直链藻丰度最高，其平均值为5.30×10^4个/m^3；南支北港水域颗粒直链藻丰度次之，其平均值为2.79×10^4个/m^3；北支水域颗粒直链藻丰度最低，

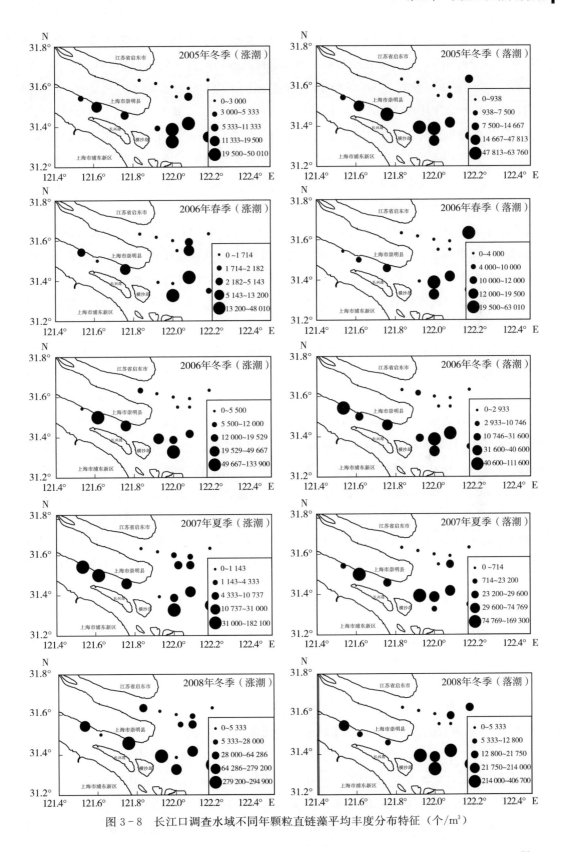

图 3-8　长江口调查水域不同年颗粒直链藻平均丰度分布特征（个/m³）

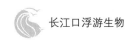

其平均值仅为 0.10×10^4 个/m³。北港北沙水域 12 号站颗粒直链藻丰度最高（11.16×10^4 个/m³），北支水域除 2 号站外均未检测到颗粒直链藻（图 3-8）。

在 2007 年夏季调查中，长江口水域颗粒直链藻的平均丰度为 2.70×10^4 个/m³。在涨潮期间，长江口水域颗粒直链藻的平均丰度为 2.89×10^4 个/m³。其中，南支北港水域颗粒直链藻丰度显著高于其余 2 个水域，其平均值为 11.48×10^4 个/m³；北港北沙水域颗粒直链藻丰度次之，其平均值为 1.47×10^4 个/m³；北支水域颗粒直链藻丰度最低，其平均值仅为 0.21×10^4 个/m³。南支北港水域 9 号站颗粒直链藻丰度最高（18.20×10^4 个/m³）；北支水域 1、2、5 号和北港北沙水域 11 号站均未检测到颗粒直链藻（图 3-8）。在落潮期间，长江口水域颗粒直链藻的平均丰度为 2.52×10^4 个/m³。其中，南支北港水域颗粒直链藻丰度最高，其平均值为 6.64×10^4 个/m³；北港北沙水域颗粒直链藻丰度次之，其平均值为 3.11×10^4 个/m³；北支水域颗粒直链藻丰度最低，其平均值仅为 0.33×10^4 个/m³。南支北港水域 9 号站颗粒直链藻丰度最高（11.16×10^4 个/m³），北支水域除 7 号站外均未检测到颗粒直链藻（图 3-8）。

在 2008 年冬季调查中，长江口水域颗粒直链藻的平均丰度为 8.26×10^4 个/m³。在涨潮期间，长江口水域颗粒直链藻的平均丰度为 7.88×10^4 个/m³。其中，北支水域颗粒直链藻丰度显著低于其余 2 个水域，其平均值为 1.30×10^4 个/m³；南支北港和北港北沙水域颗粒直链藻平均丰度值分别为 11.45×10^4 个/m³ 和 14.93×10^4 个/m³。北港北沙水域 15 号站颗粒直链藻丰度最高（29.49×10^4 个/m³），北支水域 2、3、5 号和南支北港水域 9 号站均未检测到颗粒直链藻（图 3-8）。在落潮期间，长江口水域颗粒直链藻的平均丰度为 8.64×10^4 个/m³。其中，北港北沙水域颗粒直链藻丰度显著高于其余两个水域，其平均值为 23.70×10^4 个/m³；北支和南支北港水域颗粒直链藻平均丰度值分别为 0.37×10^4 个/m³ 和 2.82×10^4 个/m³。北港北沙水域 11 号站颗粒直链藻丰度最高（40.67×10^4 个/m³），北支水域除 4 号和 5 号站外均未检测到颗粒直链藻（图 3-8）。

三、虹彩圆筛藻

虹彩圆筛藻（*Coscinodiscus oculus-iridis*）为外洋广温性藻种，广泛分布在世界各海中，是毛虾、对虾幼体及浮游动物等的主要饵料。

在 2005 年冬季调查中，长江口水域虹彩圆筛藻的平均丰度为 0.55×10^4 个/m³。在涨潮期间，长江口水域虹彩圆筛藻的平均丰度为 0.43×10^4 个/m³。其中，北港北沙水域虹彩圆筛藻丰度最高，其平均值为 0.58×10^4 个/m³；北支水域次之，其平均值为 0.46×10^4 个/m³；南支北港水域虹彩圆筛藻丰度最低，其平均值仅为 0.09×10^4 个/m³。其中，北港北沙水域 13 号站虹彩圆筛藻丰度最高（2.31×10^4 个/m³），北支水域 4 号、南支北港水域 8 号和北港北沙水域 14 号站均未检测到虹彩圆筛藻（图 3-9）。在落潮期间，长江口水域虹彩圆筛藻的平均丰度为 0.67×10^4 个/m³。其中，北支水域虹彩圆筛藻丰度最高，其平均值为 0.98×10^4 个/m³；北港北沙水域次之，其平均值为 0.48×10^4 个/m³；南支北港水域虹彩圆筛藻丰度最低，其平均值为 0.25×10^4 个/m³。其中，北支水域 2 号站虹彩圆筛藻丰度最高（2.53×10^4 个/m³），北支水域 7 号和南支北港水域 8 号站均未检测到虹彩圆筛藻（图 3-9）。

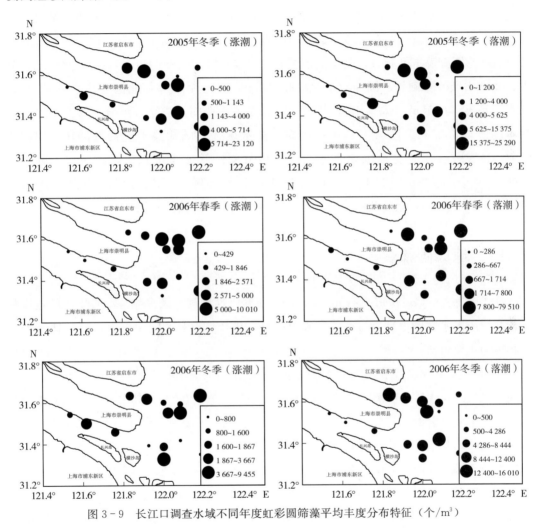

图 3-9 长江口调查水域不同年度虹彩圆筛藻平均丰度分布特征（个/m³）

在 2006 年春季调查中，长江口水域虹彩圆筛藻的平均丰度为 0.71×10^4 个/m³。在涨潮期间，长江口水域虹彩圆筛藻的平均丰度为 0.29×10^4 个/m³。其中，南支北港水域虹彩圆筛藻丰度显著低于其余 2 个水域，其平均值仅为 0.01×10^4 个/m³；北支和北港北沙水域虹彩圆筛藻平均丰度值分别为 0.45×10^4 个/m³ 和 0.21×10^4 个/m³。其中，北支水域 4 号站虹彩圆筛藻丰度最高（1.00×10^4 个/m³），南支北港 8 号、9 号和北港北沙水域

14 号站均未检出虹彩圆筛藻（图 3-9）。在落潮期间，长江口水域虹彩圆筛藻的平均丰度为 $1.14×10^4$ 个/m^3。其中，北支水域虹彩圆筛藻丰度显著高于其余 2 个水域，其平均值为 $2.35×10^4$ 个/m^3；南支北港和北港北沙水域虹彩圆筛藻丰度相近，其平均值分别为 $0.03×10^4$ 个/m^3 和 $0.12×10^4$ 个/m^3。其中，北支水域 5 号站虹彩圆筛藻丰度最高 $(7.95×10^4$ 个/$m^3)$，南支北港水域 9 号和北港北沙 12 号站均未检测到虹彩圆筛藻（图 3-9）。

在 2006 年冬季调查中，长江口水域虹彩圆筛藻的平均丰度为 $0.40×10^4$ 个/m^3。在涨潮期间，长江口水域虹彩圆筛藻的平均丰度为 $0.21×10^4$ 个/m^3。其中，北支水域虹彩圆筛藻丰度显著高于其余 2 个水域，其平均值为 $0.30×10^4$ 个/m^3；南支北港水域和北港北沙水域虹彩圆筛藻丰度相近，其平均值分别为 $0.16×10^4$ 个/m^3 和 $0.12×10^4$ 个/m^3。其中，北支水域 5 号站虹彩圆筛藻丰度最高 $(0.95×10^4$ 个/$m^3)$，北港北沙水域 11 号站虹彩圆筛藻丰度最低（未检出）（图 3-9）。在落潮期间，长江口水域虹彩圆筛藻的平均丰度为 $0.60×10^4$ 个/m^3。其中，南支北港水域虹彩圆筛藻丰度最低，其平均值为 $0.03×10^4$ 个/m^3；北支水域和北港北沙水域虹彩圆筛藻丰度相近，其平均值分别为 $0.76×10^4$ 个/m^3 和 $0.71×10^4$ 个/m^3。其中，北支水域 6 号站虹彩圆筛藻丰度最高 $(1.60×10^4$ 个/$m^3)$，南支北港水域 8 号站未检测到虹彩圆筛藻（图 3-9）。

四、琼氏圆筛藻

琼氏圆筛藻（*Coscinodiscus jonesianus*）属暖水性种类，大多数是浮游生活的近岸种类，在半咸淡水区域也有。与虹彩圆筛藻一样，琼氏圆筛藻也是毛虾、对虾幼体及浮游动物等的主要饵料。

在 2006 年春季调查中，长江口水域琼氏圆筛藻的平均丰度为 $0.94×10^4$ 个/m^3。在涨潮期间，长江口水域琼氏圆筛藻的平均丰度为 $0.62×10^4$ 个/m^3。其中，南支北港水域琼氏圆筛藻丰度显著低于其余 2 个水域，其平均值仅为 $0.01×10^4$ 个/m^3；北支和北港北沙水域琼氏圆筛藻丰度相近，其平均值分别为 $1.18×10^4$ 个/m^3 和 $1.19×10^4$ 个/m^3。其中，北支水域 5 号站琼氏圆筛藻丰度最高 $(2.52×10^4$ 个/$m^3)$，南支北港水域 8 号和 9 号站未检测到琼氏圆筛藻（图 3-10）。在落潮期间，长江口水域琼氏圆筛藻的平均丰度为 $1.27×10^4$ 个/m^3。其中，北支水域琼氏圆筛藻丰度显著高于其余 2 个水域，其平均值为 $2.66×10^4$ 个/m^3；南支北港和北港北沙水域琼氏圆筛藻丰度相近，其平均值分别为 $0.03×10^4$ 个/m^3 和 $0.06×10^4$ 个/m^3。其中，北支水域 7 号站琼氏圆筛藻丰度最高 $(7.80×10^4$ 个/$m^3)$，除南支北港水域 8 号和 9 号站未检测到琼氏圆筛藻外，北港北沙水域 11 号、12 号和 14 号站也未检测到（图 3-10）。

在 2006 年冬季调查中，长江口水域琼氏圆筛藻的平均丰度为 $0.41×10^4$ 个/m^3。在涨潮期间，长江口水域琼氏圆筛藻的平均丰度为 $0.21×10^4$ 个/m^3。其中，北支水域琼氏圆筛藻丰度高于其余 2 个水域，其平均值为 0.30×10^4 个/m³；南支北港和北港北沙水域琼氏圆筛藻丰度相近，其平均值分别为 0.16×10^4 个/m³ 和 0.12×10^4 个/m³。其中，北支水域 5 号站琼氏圆筛藻丰度最高（0.95×10^4 个/m³），北港北沙水域 11 号站未检测到琼氏圆筛藻（图 3-10）。在落潮期间，长江口水域琼氏圆筛藻的平均丰度为 0.60×10^4 个/m³。其中，北支水域琼氏圆筛藻丰度高于其余 2 个水域，其平均值为 0.76×10^4 个/m³；北港北沙水域琼氏圆筛藻丰度次之，其平均值为 0.71×10^4 个/m³；南支北港水域琼氏圆筛藻丰度最低，其平均值为 0.03×10^4 个/m³。其中，北支水域 6 号站琼氏圆筛藻丰度最高（1.60×10^4 个/m³），南支北港水域 8 号站未检测到琼氏圆筛藻（图 3-10）。

在 2007 年夏季调查中，长江口水域琼氏圆筛藻的平均丰度为 0.69×10^4 个/m³。在涨潮期间，长江口水域琼氏圆筛藻的平均丰度为 0.59×10^4 个/m³。其中，北支水域琼氏圆筛藻丰度最高，其平均值为 1.26×10^4 个/m³；南支北港水域琼氏圆筛藻显著低于北支水域，其平均值仅为 0.01×10^4 个/m³；北港北沙水域未检测到琼氏圆筛藻。其中，北支水

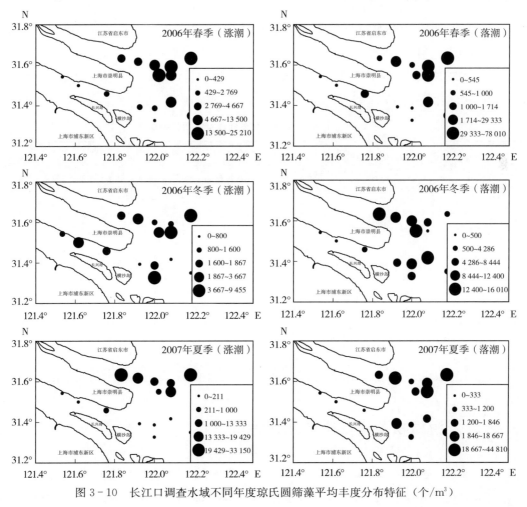

图 3-10　长江口调查水域不同年度琼氏圆筛藻平均丰度分布特征（个/m³）

域 5 号站琼氏圆筛藻丰度最高（3.31×10⁴ 个/m³），整个北港北沙水域未检测到琼氏圆筛藻（图 3-10）。在落潮期间，长江口水域琼氏圆筛藻的平均丰度为 0.80×10⁴ 个/m³。其中，北支水域琼氏圆筛藻丰度最高，其平均值为 1.63×10⁴ 个/m³；北港北沙水域琼氏圆筛藻丰度次之，其平均值为 0.11×10⁴ 个/m³；南支北港水域琼氏圆筛藻丰度最低，其平均值仅为 0.01×10⁴ 个/m³。其中，北支水域 7 号站琼氏圆筛藻丰度最高（4.48×10⁴ 个/m³），南支北港水域 8 号和 9 号站均未检测到琼氏圆筛藻（图 3-10）。

第五节　浮游植物多样性

一、浮游植物多样性整体变化特征

从 3 个年度 12 个航次的调查来看，调查水域浮游植物多样性指数 H' 均值为 1.34±0.60，均匀度 J' 均值为 0.37±0.15，丰富度 d 均值为 0.66±0.17，单纯度 C 均值为 0.60±0.17。总体来看，调查水域多样性指数较小，均匀度较低而单纯度较大，表明调查水域浮游植物种间比例不均匀（表 3-3）。

表 3-3　长江口浮游植物多样性整体变化特征

指标	春季			夏季			秋季			冬季			三个年度		
	全年	涨潮	落潮	全年	涨潮	落潮	全年	涨潮	落潮	全年	涨潮	落潮	全年	涨潮	落潮
多样性指数（H'）	1.43±0.64	1.37±0.61	1.49±0.67	1.34±0.49	1.20±0.34	1.48±0.66	0.69±0.21	0.63±0.30	0.76±0.13	1.89±0.43	1.89±0.35	1.89±0.52	1.34±0.60	1.27±0.59	1.40±0.63
均匀度（J'）	0.43±0.16	0.40±0.16	0.45±0.16	0.37±0.12	0.32±0.12	0.43±0.19	0.20±0.09	0.18±0.08	0.23±0.04	0.48±0.10	0.48±0.09	0.49±0.10	0.37±0.15	0.34±0.15	0.40±0.16
丰富度（d）	0.53±0.16	0.55±0.16	0.52±0.17	0.71±0.10	0.76±0.08	0.66±0.07	0.55±0.11	0.54±0.11	0.54±0.04	0.86±0.11	0.89±0.18	0.84±0.17	0.66±0.17	0.68±0.18	0.64±0.17
单纯度（C）	0.58±0.18	0.60±0.17	0.55±0.20	0.60±0.16	0.64±0.14	0.55±0.21	0.79±0.08	0.82±0.09	0.77±0.06	0.45±0.10	0.45±0.09	0.45±0.11	0.60±0.17	0.63±0.17	0.58±0.18

二、浮游植物多样性季节变化特征

（1）春季　春季多样性指数 H' 均值为 1.43±0.64，均匀度 J' 均值为 0.43±0.16，丰富度 d 均值为 0.53±0.16，单纯度 C 均值为 0.58±0.18。总体来说，春季调查水域的多样性指数较低，均匀度较低而单纯度较高，种间比例较不均匀。

（2）夏季 夏季多样性指数 H' 均值为 1.34 ± 0.49，均匀度 J' 均值为 0.37 ± 0.15，丰富度 d 均值为 0.71 ± 0.04；单纯度 C 均值为 0.60 ± 0.16。夏季调查水域浮游植物种间分布不均匀。

（3）秋季 秋季多样性指数 H' 均值为 0.69 ± 0.21，均匀度 J' 均值为 0.20 ± 0.06，丰富度 d 均值为 0.55 ± 0.05，单纯度 C 均值为 0.79 ± 0.08。秋季调查水域的多样性指数较低，均匀度小，丰富度小，单纯度大，种间比例极不均匀。

（4）冬季 冬季多样性指数 H' 均值为 1.89 ± 0.43，均匀度 J' 均值为 0.48 ± 0.09，丰富度 d 均值为 0.86 ± 0.11，单纯度 C 均值为 0.45 ± 0.10。冬季多样性、均匀度和丰富度指标与其他三季相比均为最高，而单纯度指数最低，表明冬季调查水域浮游植物种间分布较均匀。

综合各项生态指标可见，长江口水域因受长江径流、江苏沿岸流及东海外海水的影响，水体营养盐丰富，适宜个别种类的生长，浮游植物数量、种类组成较为丰富，但多样性指数低。同时，可以得出调查水域因单一种类的大量繁殖，对水域的生态环境质量已构成严重威胁。按照生物多样性判别水域环境质量标准（$1<H'<3$ 为轻污染），调查水域生态环境质量终年处于轻污染至污染状态，冬季水域生态环境质量要好于其他季节，夏季和秋季水域生态环境质量最差。

三、浮游植物多样性年度变化

从 2004—2005 年度 4 个航次的调查来看，调查水域浮游植物多样性指数 H' 均值为 1.63，均匀度 J' 均值为 0.44，丰富度 d 均值为 0.73，单纯度 C 均值为 0.53。从不同季节来看，春季航次调查水域涨落潮浮游植物多样性指数 H' 均值分别为 1.84 和 2.02；均匀度 J' 均值分别为 0.53 和 0.56；丰富度 d 均值分别为 0.64 和 0.67；单纯度 C 均值分别为 0.47 和 0.40。夏季航次调查水域涨落潮浮游植物多样性指数 H' 均值分别为 1.16 和 1.62；均匀度 J' 均值分别为 0.29 和 0.49；丰富度 d 均值分别为 0.78 和 0.58；单纯度 C 均值分别为 0.67 和 0.52。秋季航次调查水域涨落潮浮游植物多样性指数 H' 均值分别为 0.80 和 0.90；均匀度 J' 均值分别为 0.21 和 0.26；丰富度 d 均值分别为 0.65 和 0.55；单纯度 C 均值分别为 0.78 和 0.72。冬季航次调查水域涨落潮浮游植物多样性指数 H' 均值分别为 2.29 和 2.45；均匀度 J' 均值分别为 0.58 和 0.60；丰富度 d 均值分别为 0.93 和 1.04；单纯度 C 均值分别为 0.35 和 0.33（表 3-4）。

从 2005—2006 年度 4 个航次的调查来看，调查水域浮游植物多样性指数 H' 均值分别为 1.25；均匀度 J' 均值为 0.35；丰富度 d 均值为 0.67；单纯度 C 均值为 0.62。从不同季节来看，春季航次调查水域涨落潮浮游植物多样性指数 H' 均值分别为 1.59 和 1.72；

均匀度 J' 均值分别为 0.45 和 0.53；丰富度 d 均值分别为 0.66 和 0.53；单纯度 C 均值分别为 0.54 和 0.48。夏季航次调查水域涨落潮浮游植物多样性指数 H' 均值分别为 0.89 和 0.76；均匀度 J' 均值均为 0.21；丰富度 d 均值分别为 0.83 和 0.68；单纯度 C 均值分别为 0.75 和 0.78。秋季航次调查水域涨落潮浮游植物多样性指数 H' 均值分别为 0.81 和 0.74；均匀度 J' 均值分别为 0.24 和 0.23；丰富度 d 均值分别为 0.53 和 0.51；单纯度 C 均值分别为 0.74 和 0.76。冬季航次调查水域涨落潮浮游植物多样性指数 H' 均值分别为 1.75 和 1.78；均匀度 J' 均值分别为 0.46 和 0.47；丰富度 d 均值分别为 0.82 和 0.80；单纯度 C 均值分别为 0.48 和 0.47（表 3-4）。

从 2007—2008 年度 4 个航次的调查来看，调查水域浮游植物多样性指数 H' 均值为 1.13；均匀度 J' 均值为 0.33；丰富度 d 均值为 0.59；单纯度 C 均值为 0.66。从不同季节来看，春季航次调查水域涨落潮浮游植物多样性指数 H' 均值分别为 0.68 和 0.74；均匀度 J' 均值分别为 0.23 和 0.27；丰富度 d 均值分别为 0.35 和 0.34；单纯度 C 均值分别为 0.79 和 0.77。夏季航次调查水域涨落潮浮游植物多样性指数 H' 均值分别为 1.56 和 2.05；均匀度 J' 均值分别为 0.46 和 0.58；丰富度 d 均值分别为 0.66 和 0.73；单纯度 C 均值分别为 0.51 和 0.37。秋季航次调查水域涨落潮浮游植物多样性指数 H' 均值分别为 0.28 和 0.63；均匀度 J' 均值分别为 0.08 和 0.19；丰富度 d 均值分别为 0.46 和 0.58；单纯度 C 均值分别为 0.93 和 0.83。冬季航次调查水域涨落潮浮游植物多样性指数 H' 均值分别为 1.63 和 1.43；均匀度 J' 均值分别为 0.40 和 0.39；丰富度 d 均值分别为 0.90 和 0.69；单纯度 C 均值分别为 0.52 和 0.55（表 3-4）。

表 3-4　浮游植物同期调查多样性指数比较分析

调查年度	指标	春季		夏季		秋季		冬季		平均
		涨潮	落潮	涨潮	落潮	涨潮	落潮	涨潮	落潮	
2004—2005 年度	多样性指数 H'	1.84	2.02	1.16	1.62	0.80	0.90	2.29	2.45	1.63
	均匀度 J'	0.53	0.56	0.29	0.49	0.21	0.26	0.58	0.60	0.44
	丰富度 d	0.64	0.67	0.78	0.58	0.65	0.55	0.93	1.04	0.73
	单纯度 C	0.47	0.40	0.67	0.52	0.78	0.72	0.35	0.33	0.53
2005—2006 年度	多样性指数 H'	1.59	1.72	0.89	0.76	0.81	0.74	1.75	1.78	1.25
	均匀度 J'	0.45	0.53	0.21	0.21	0.24	0.23	0.46	0.47	0.35
	丰富度 d	0.66	0.53	0.83	0.68	0.53	0.51	0.82	0.80	0.67
	单纯度 C	0.54	0.48	0.75	0.78	0.74	0.76	0.48	0.47	0.62
2007—2008 年度	多样性指数 H'	0.68	0.74	1.56	2.05	0.28	0.63	1.63	1.43	1.13
	均匀度 J'	0.23	0.27	0.46	0.58	0.08	0.19	0.40	0.39	0.33
	丰富度 d	0.35	0.34	0.66	0.73	0.46	0.58	0.90	0.69	0.59
	单纯度 C	0.79	0.77	0.51	0.37	0.93	0.83	0.52	0.55	0.66

　　总而言之，2004—2005 年度、2005—2006 年度以及 2007—2008 年度多样性各类指标变化趋势各不相同。2004—2005 年度调查水域浮游植物多样性指数 H' 均值最高，2007—2008 年度最低；三个年度调查水域浮游植物均匀度 J' 均值、丰富度 d 均值与单纯度 C 均值均相差不大，这些数据表明，长江口水域生态环境在慢慢恶化。

第四章
长江口水域
浮游动物

第一节　浮游动物调查与分析方法

一、采样和固定

浮游动物的监测调查方法按照《海洋监测规范》第三部分（GB 17378.3—1998）进行。采用浅水Ⅰ型浮游生物网从底至表层垂直拖曳获取，定性样品现场用 5‰甲醛溶液固定，用以鉴定浮游动物的种类；定量样品用采水器采取相应水层的 30 L 水样，用浅水Ⅰ型浮游生物网过滤，样品的收集、固定等方法同定性采集方法。样品采集后，在实验室内将镜检得到的浮游生物密度换算成海水中的密度。

二、分类鉴定

所获样品均经 5‰甲醛溶液固定后带回实验室进行分类、鉴定、计数和称重。进行浮游动物检测的主要仪器是显微镜、解剖镜和计数框。镜检前，将水样浓缩至 30mL。轮虫和桡足类无节幼体的计数用 1mL 计数框配以测微尺在 10×10 倍镜下，每瓶样品计 10 片。成熟的甲壳动物属大型浮游动物，采用分批计数，用 5mL 计数框，将瓶内水样全部检测。根据镜检结果，按下列公式换算成单位体积的个体数量。

$$N = \frac{V_s \times n}{V \times V_a}$$

式中，N 为 1L 水中浮游动物的个体数（个/m³）；V 为采样体积（m³）；V_s 为沉淀体积（mL）；V_a 为计数体积（mL）；n 为计数所获得的个体。

本文生物量为湿重（单位：mg/m³），饵料浮游动物指不包含水母类和海樽类的所有浮游动物，个体丰度单位为个/m³。分类鉴定依据束蕴芳和韩茂森（1993，1995）、陈清潮和章淑珍（1965）、陈清潮等（1974）、山路勇（1979）和水野寿彦（1978）。

三、统计分析方法

浮游动物数据的统计分析方法同浮游植物。

四、调查时间与站位

同水质调查，详见第二章第一节。

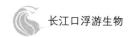

第二节　浮游动物种类组成与生态类型

一、种类组成

2004—2005年度、2005—2006年度以及2007—2008年度的12次调查中，共鉴定出浮游动物6门13大类108种［不含20种幼体（虫）和鱼卵、仔稚鱼］（附录二）。节肢动物门占绝对优势，共8大类88种，占总种类数的81.48%。13大类生物中，桡足类55种，占总种类数的50.93%；其次为糠虾类12种，占11.11%；水母类7种，占6.48%；枝角类6种，占5.56%；端足类5种，占4.63%；毛颚类、翼足类和多毛类各4种，分别占3.70%；涟虫类、磷虾类和十足类各3种，分别占2.78%；等足类和被囊类各1种，分别占0.93%（表4-1）。

表4-1　长江口中华鲟自然保护区浮游动物种类组成统计

门类		春季		夏季		秋季		冬季		总计	
		种数	占比（%）	种数	占比（%）	种数	占比（%）	种数	占比（%）	种数	占比（%）
节肢动物门	桡足类	24	43.64	17	35.42	25	59.52	29	76.32	55	50.93
	端足类	2	3.64	2	4.17	2	4.76	2	5.26	5	4.63
	糠虾类	10	18.18	5	10.42	6	14.29	2	5.26	12	11.11
	等足类	1	1.82	1	2.08	0	0.00	0	0.00	1	0.93
	涟虫类	3	5.45	2	4.17	1	2.38	1	2.63	3	2.78
	十足类	0	0.00	3	6.25	1	2.38	0	0.00	3	2.78
	枝角类	4	7.27	1	2.08	1	2.38	3	7.89	6	5.56
	磷虾类	2	3.64	1	2.08	3	7.14	1	2.63	3	2.78
环节动物门	多毛类	3	5.45	3	6.25	1	2.38	0	0.00	4	3.70
毛颚动物门	毛颚类	2	3.64	3	6.25	2	4.76	0	0.00	4	3.70
软体动物门	翼足类	4	7.27	2	4.17	0	0.00	0	0.00	4	3.70
腔肠动物门	水母类	0	0.00	7	14.58	0	0.00	0	0.00	7	6.48
脊索动物门	被囊类	0	0.00	1	0.98	0	0.00	0	0.00	1	0.93
合计		55		48		42		38		108	
浮游幼体		13		15		10		2		20	

（1）春季　三个年度调查春季共鉴定出浮游动物4门10大类55种（不含13种浮游幼体）。节肢动物门种类数最多，共计7大类46种，占总种数的83.64%，其中桡足类24种，占43.64%。

（2）夏季　三个年度调查夏季共鉴定出浮游动物6门13大类48种（不含15种浮游

幼体）。节肢动物门种类数最多，共计 8 大类 32 种，占总种数的 66.67%，其中桡足类 17 种，占 35.42%。

（3）秋季　三个年度调查秋季共鉴定出浮游动物 3 门 9 大类 42 种（不含 10 种浮游幼体）。节肢动物门种类数最多，共计 7 大类 39 种，占总种数的 92.86%，其中桡足类 25 种，占 59.52%。

（4）冬季　三个年度调查冬季共鉴定出浮游动物 1 门 6 大类 38 种（不含 2 种浮游幼体）。所有种类均为节肢动物门，其中桡足类 29 种，占 76.32%。

二、生态类型

长江口水域因受江河径流、大陆沿岸流及台湾暖流的影响，从而明显地反映出其水文、化学要素及浮游动物组成比较复杂。从浮游动物组成看，本监测水域生活有淡水、半咸水河口、低盐近岸、广温广盐等各种生态类型的种类，它们各自构成特定的生物群落。以低盐近岸和半咸水河口生态类型为主，辅以少量淡水和广温广盐生态类型。

（1）淡水生态类型　种类和数量稀少，有右突新镖水蚤、英勇剑水蚤和四刺窄腹剑水蚤等。

（2）半咸水河口生态类型　该群落分布于受长江径流影响的河口区，主要有中华华哲水蚤、火腿许水蚤等。

（3）低盐近岸生态类型　该类型种类适盐的上限较半咸水河口生态类型为高，其出现和数量变动一般受控于沿岸水的影响，密集区大多出现在近岸水域的沿岸峰区。该类群种类和数量最多，为本调查水域浮游动物最主要生态类群。其主要种类为真刺唇角水蚤、虫肢歪水蚤、长额刺糠虾、纺锤水蚤等，其中，又以真刺唇角水蚤和虫肢歪水蚤占优势。

（4）广温广盐生态类型　该类群与热带大洋高温高盐类型相比，其适温、适盐性较低，在东海区其广泛分布于陆架混合水区。本监测水域仅出现少量的中华哲水蚤、精致真刺水蚤、平滑真刺水蚤等。

第三节　浮游动物生物量年度季节变化和平面分布

一、浮游动物生物量年度季节变化

通过 3 个年度 12 个航次的定量标本观察计数（表 4-2），长江口水域的浮游动物平均总生物量为 130.78 mg/m³。其中，浮游动物涨潮平均总生物量为 127.48 mg/m³、浮游动物落潮平均总生物量为 134.08 mg/m³。对不同季节而言，春季浮游动物平均总生物量为 135.67 mg/m³，其中，浮游动物涨潮平均总生物量为 120.65 mg/m³，浮游动物落潮平均总生物量为 150.69 mg/m³；夏季浮游动物平均总生物量为 117.14 mg/m³，其中，浮游动物涨潮平均总生物量为 111.03 mg/m³，浮游动物落潮平均总生物量为 123.24 mg/m³；秋季浮游动物平均总生物量为 132.11 mg/m³，其中，浮游动物涨潮平均总生物量为 135.60 mg/m³，浮游动物落潮平均总生物量为 128.63 mg/m³；冬季浮游动物平均总生物量为 138.19 mg/m³，其中，浮游动物涨潮平均总生物量为 142.63 mg/m³，浮游动物落潮平均总生物量为 133.74 mg/m³。

就不同年度而言，2004—2005 年度调查结果显示（表 4-2），长江口水域的浮游动物平均总生物量为 117.14 mg/m³，其中，浮游动物涨潮平均总生物量为 114.56 mg/m³，浮游动物落潮平均总生物量为 119.72 mg/m³。春季浮游动物平均总生物量为 154.40 mg/m³，其中，浮游动物涨潮平均总生物量为 153.92 mg/m³，浮游动物落潮平均总生物量为 154.87 mg/m³；夏季浮游动物平均总生物量为 48.85 mg/m³，其中，浮游动物涨潮平均总生物量为 40.68 mg/m³，浮游动物落潮平均总生物量为 57.02 mg/m³；秋季浮游动物平均总生物量为 90.60 mg/m³，其中，浮游动物涨潮平均总生物量为 95.68 mg/m³，浮游动物落潮平均总生物量为 85.51 mg/m³；冬季浮游动物平均总生物量为 174.74 mg/m³，其中，浮游动物涨潮平均总生物量为 168.02 mg/m³，浮游动物落潮平均总生物量为 181.47 mg/m³。

2005—2006 年度调查结果显示（表 4-2），长江口水域的浮游动物平均总生物量为 134.70 mg/m³，其中，浮游动物涨潮平均总生物量为 132.39 mg/m³，浮游动物落潮平均总生物量为 137.01 mg/m³。春季浮游动物平均总生物量为 114.87 mg/m³，其中，浮游动物涨潮平均总生物量为 98.92 mg/m³，浮游动物落潮平均总生物量为 130.82 mg/m³；夏季浮游动物平均总生物量为 179.05 mg/m³，其中，浮游动物涨潮平均总生物量为 174.84 mg/m³，浮游动物落潮平均总生物量为 183.26 mg/m³；秋季浮游动物平均总生物量为 81.34 mg/m³，其中，浮游动物涨潮平均总生物量为 73.23 mg/m³，浮游动物落潮平均总生物量为 89.46 mg/m³；冬季浮游动物平均总生物量为 163.54 mg/m³，其中，浮游动物涨潮平均总生物量为 182.58 mg/m³，浮游动物落潮平均总生物量为 144.50 mg/m³。

2007—2008 年度调查结果显示（表 4-2），长江口水域的浮游动物平均总生物量为 140.49 mg/m³，其中，浮游动物涨潮平均总生物量为 135.47 mg/m³，浮游动物落潮平均总生物量为 145.50 mg/m³。春季浮游动物平均总生物量为 137.74 mg/m³，其中，浮游动物涨潮平均总生物量 109.12 mg/m³，浮游动物落潮平均总生物量为 166.37 mg/m³；夏季浮游动物平均总生物量为 123.52 mg/m³，其中，浮游动物涨潮平均总生物量为 117.58 mg/m³，浮游动物落潮平均总生物量为 129.45 mg/m³；秋季浮游动物平均总生物量为 224.39 mg/m³，其中，浮游动物涨潮平均总生物量为 237.87 mg/m³，浮游动物落潮平均总生物量为 210.91 mg/m³；冬季浮游动物平均总生物量为 76.27 mg/m³，其中，浮游动物涨潮平均总生物量为 77.29 mg/m³，浮游动物落潮平均总生物量为 75.25 mg/m³。

表 4-2　浮游动物平均总生物量（mg/m³）

调查年度	潮位	春季	夏季	秋季	冬季	平均
2004—2005 年度	涨潮	153.92	40.68	95.68	168.02	114.56
	落潮	154.87	57.02	85.51	181.47	119.72
	平均	154.40	48.85	90.60	174.74	117.14
2005—2006 年度	涨潮	98.92	174.84	73.23	182.58	132.39
	落潮	130.82	183.26	89.46	144.50	137.01
	平均	114.87	179.05	81.34	163.54	134.70
2007—2008 年度	涨潮	109.12	117.58	237.87	77.29	135.47
	落潮	166.37	129.45	210.91	75.25	145.50
	平均	137.74	123.52	224.39	76.27	140.49
三个年度平均	涨潮	120.65	111.03	135.60	142.63	127.48
	落潮	150.69	123.24	128.63	133.74	134.08
	平均	135.67	117.14	132.11	138.19	130.78

二、浮游动物生物量平面分布特征

通过 2004—2005 年度春、夏、秋、冬 4 个航次涨落潮调查定量标本观察计数，长江口水域浮游动物生物量分布特征如图 4-1 所示。

在春季涨潮航次中，北港北沙（11～15 站位）水域浮游动物生物量最高，其平均值为 233.50 mg/m³；北支（1～7 站位）水域浮游动物生物量次之，其平均值为 165.03 mg/m³；南支北港（8～10 站位）水域浮游动物生物量最低，其平均值仅为 46.66 mg/m³。其中，13 号站浮游动物生物量最高（465.00 mg/m³），9 号站浮游动物生物量最低（12.14 mg/m³）。在春季落潮航次中，北支水域浮游动物生物量最高，其平均值为 253.15 mg/m³；北港北沙水域浮游动物生物量次之，其平均值为 103.10 mg/m³；南支北港水域浮游动物生物量最低，其平均值仅为 56.79 mg/m³。其中，6 号站浮游动物生物量最高（702.50 mg/m³），9 号站浮游动物生物量最低（6.79 mg/m³）。

在夏季涨潮航次中，北港北沙水域浮游动物生物量最高，其平均值为 56.25 mg/m³；北支水域浮游动物生物量次之，其平均值为 37.78 mg/m³；南支北港水域浮游动物生物量最低，其平均值仅为 6.69 mg/m³。其中，13 号站浮游动物生物量最高（208.75 mg/m³），14 号站浮游动物生物量最低（4.00 mg/m³）。在夏季落潮航次中，北支水域浮游动物生物量最高，其平均值为 103.14 mg/m³；南支北港水域浮游动物生物量次之，其平均值

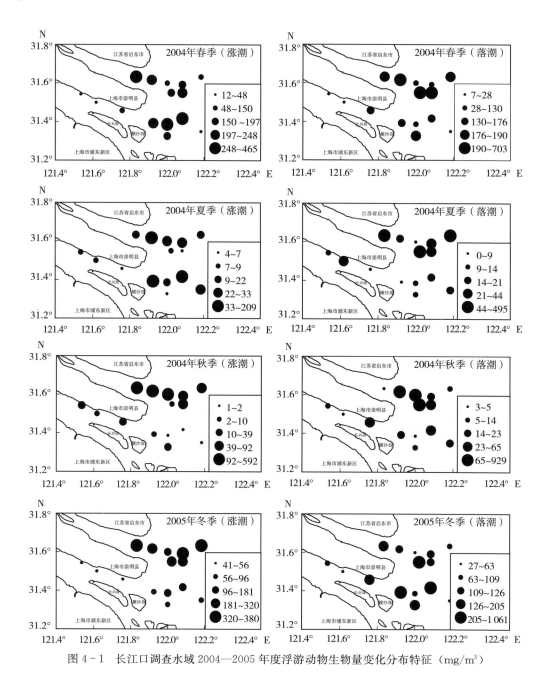

图 4-1　长江口调查水域 2004—2005 年度浮游动物生物量变化分布特征（mg/m³）

为 13.76 mg/m³；北港北沙水域浮游动物生物量最低，其平均值仅为 11.21 mg/m³。其中，6 号站浮游动物生物量最高（495.00 mg/m³），3 号站浮游动物生物量最低（未检出）。

在秋季涨潮航次中，北支水域浮游动物生物量最高，其平均值为 197.74 mg/m³；南支北港水域浮游动物生物量次之，其平均值为 10.06 mg/m³；北港北沙水域浮游动物生物量最低，其平均值仅为 4.17 mg/m³。其中，2 号站浮游动物生物量最高（592.14 mg/m³），

12 号站浮游动物生物量最低（1.43 mg/m³）。在秋季落潮航次中，北支水域浮游动物生物量最高，其平均值为 158.91 mg/m³；南支北港水域浮游动物生物量次之，其平均值为 22.33 mg/m³；北港北沙水域浮游动物生物量最低，其平均值仅为 20.67 mg/m³。其中，2 号站浮游动物生物量最高（928.57 mg/m³），1 号站浮游动物生物量最低（3.33 mg/m³）。

在冬季涨潮航次中，北支水域浮游动物生物量最高，其平均值为 283.11 mg/m³；北港北沙水域浮游动物生物量次之，其平均值为 80.25 mg/m³；南支北港水域浮游动物生物量最低，其平均值为 45.74 mg/m³。其中，5 号站浮游动物生物量最高（380.00 mg/m³），8 号站浮游动物生物量最低（40.63 mg/m³）。在冬季落潮航次中，北支水域浮游动物生物量最高，其平均值为 237.51 mg/m³；北港北沙水域浮游动物生物量次之，其平均值为 147.08 mg/m³；南支北港水域浮游动物生物量最低，其平均值为 107.99 mg/m³。其中，6 号站浮游动物生物量最高（1 060.00 mg/m³），9 号站浮游动物生物量最低（27.08 mg/m³）。

通过 2005—2006 年度春、夏、秋、冬 4 个航次涨落潮调查定量标本观察计数，长江口水域浮游动物生物量分布特征如图 4-2 所示。

在春季涨潮航次中，北支水域浮游动物生物量最高，其平均值为 173.91 mg/m³；北港北沙水域浮游动物生物量次之，其平均值为 42.76 mg/m³；南支北港水域浮游动物生物量最低，其平均值为 17.56 mg/m³。其中，3 号站浮游动物生物量最高（328.33 mg/m³），10 号站浮游动物生物量最低（15.00 mg/m³）。在春季落潮航次中，北支水域浮游动物生物量最高，其平均值为 214.70 mg/m³；北港北沙水域浮游动物生物量次之，其平均值为 61.69 mg/m³；南支北港水域浮游动物生物量最低，其平均值为 50.30 mg/m³。其中，2 号站浮游动物生物量最高（462.00 mg/m³），8 号站浮游动物生物量最低（25.24 mg/m³）。

在夏季涨潮航次中，北支水域浮游动物生物量最高，其平均值为 212.63 mg/m³；北港北沙水域浮游动物生物量次之，其平均值为 136.49 mg/m³；南支北港水域浮游动物生物量最低，其平均值为 98.38 mg/m³。其中，1 号站浮游动物生物量最高（523.57 mg/m³），8 号站浮游动物生物量最低（37.35 mg/m³）。在夏季落潮航次中，北支水域浮游动物生物量最高，其平均值为 230.64 mg/m³；南支北港水域浮游动物生物量次之，其平均值为 157.37 mg/m³；北港北沙水域浮游动物生物量最低，其平均值为 117.61 mg/m³。其中，1 号站浮游动物生物量最高（485.83 mg/m³），9 号站浮游动物生物量最低（8.18 mg/m³）。

在秋季涨潮航次中，北支水域浮游动物生物量最高，其平均值为 90.76 mg/m³；北港北沙水域浮游动物生物量次之，其平均值为 78.55 mg/m³；南支北港水域浮游动物生物量最低，其平均值为 23.47 mg/m³。其中，7 号站浮游动物生物量最高（188.75 mg/m³），12 号站浮游动物生物量最低（1.43 mg/m³）。在秋季落潮航次中，北支水域浮游动物生物量最高，其平均值为 106.35 mg/m³；北港北沙水域浮游动物生物量次之，其平均值为 94.63 mg/m³；南支北港水域浮游动物生物量最低，其平均值为 41.43 mg/m³。其中，5 号站浮游动物生物量最高（190.00 mg/m³），8 号站浮游动物生物量最低（19.17 mg/m³）。

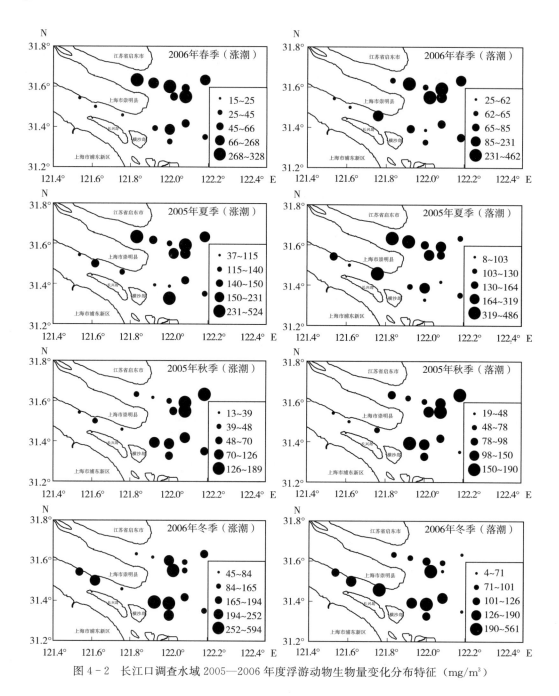

图4-2 长江口调查水域2005—2006年度浮游动物生物量变化分布特征（mg/m³）

在冬季涨潮航次中，北港北沙水域浮游动物生物量最高，其平均值为261.34 mg/m³；南支北港水域浮游动物生物量次之，其平均值为144.46 mg/m³；北支水域浮游动物生物量最低，其平均值为142.65 mg/m³。其中，12号站浮游动物生物量最高（594.00 mg/m³），10号站浮游动物生物量最低（44.71 mg/m³）。在冬季落潮航次中，南支北港水域浮游动物生物量最高，其平均值为265.53 mg/m³；北港北沙水域浮游动物生物量次之，其平均值为

119.24 mg/m³；北支水域浮游动物生物量最低，其平均值为 110.67 mg/m³。其中，10 号站浮游动物生物量最高（561.25 mg/m³），7 号站浮游动物生物量最低（4.44 mg/m³）。

通过 2007—2008 年度春、夏、秋、冬 4 个航次涨落潮调查定量标本观察计数，长江口水域浮游动物生物量分布特征如图 4-3 所示。

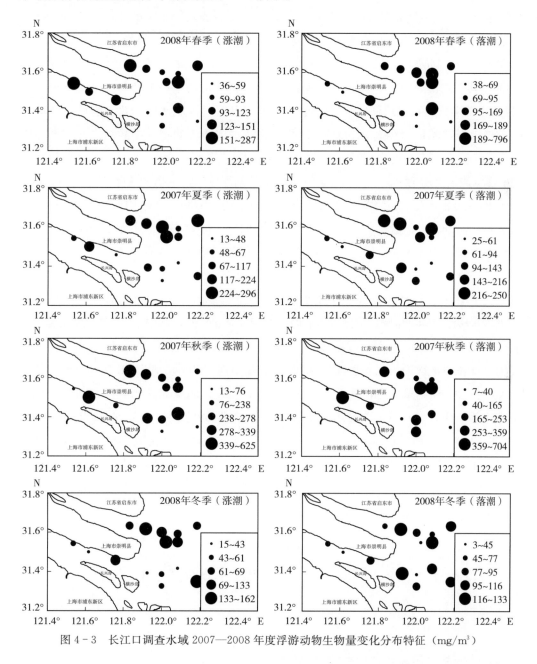

图 4-3　长江口调查水域 2007—2008 年度浮游动物生物量变化分布特征（mg/m³）

在春季涨潮航次中，南支北港水域浮游动物生物量最高，其平均值为 131.73 mg/m³；北支水域浮游动物生物量次之，其平均值为 129.19 mg/m³；北港北沙水域浮游动物生物

量最低，其平均值为 67.45 mg/m³。其中，1 号站浮游动物生物量最高（287.00 mg/m³），12 号站浮游动物生物量最低（35.83 mg/m³）。在春季落潮航次中，北支水域浮游动物生物量最高，其平均值为 231.71 mg/m³；北港北沙水域浮游动物生物量次之，其平均值为 110.92 mg/m³；南支北港水域浮游动物生物量最低，其平均值为 106.30 mg/m³。其中，7 号站浮游动物生物量最高（795.83 mg/m³），15 号站浮游动物生物量最低（37.5 mg/m³）。

在夏季涨潮航次中，北支水域浮游动物生物量最高，其平均值为 179.17 mg/m³；南支北港水域浮游动物生物量次之，其平均值为 61.76 mg/m³；北港北沙水域浮游动物生物量最低，其平均值为 50.92 mg/m³。其中，3 号站浮游动物生物量最高（296.25 mg/m³），10 号站浮游动物生物量最低（13.16 mg/m³）。在夏季落潮航次中，北支水域浮游动物生物量最高，其平均值为 185.05 mg/m³；北港北沙水域浮游动物生物量次之，其平均值为 85.96 mg/m³；南支北港水域浮游动物生物量最低，其平均值为 72.21 mg/m³。其中，2 号站浮游动物生物量最高（250.00 mg/m³），12 号站浮游动物生物量最低（25.00 mg/m³）。

在秋季涨潮航次中，北港北沙水域浮游动物生物量最高，其平均值为 253.09 mg/m³；北支水域浮游动物生物量次之，其平均值为 240.94 mg/m³；南支北港水域浮游动物生物量最低，其平均值为 205.35 mg/m³。其中，13 号站浮游动物生物量最高（625.00 mg/m³），15 号站浮游动物生物量最低（13.33 mg/m³）。在秋季落潮航次中，南支北港水域浮游动物生物量最高，其平均值为 302.29 mg/m³；北支水域浮游动物生物量次之，其平均值为 203.16 mg/m³；北港北沙水域浮游动物生物量最低，其平均值为 166.94 mg/m³。其中，6 号站浮游动物生物量最高（496.67 mg/m³），15 号站浮游动物生物量最低（7.14 mg/m³）。

在冬季涨潮航次中，北支水域浮游动物生物量最高，其平均值为 91.66 mg/m³；北港北沙水域浮游动物生物量次之，其平均值为 61.71 mg/m³；南支北港水域浮游动物生物量最低，其平均值为 58.29 mg/m³。其中，2 号站浮游动物生物量最高（161.67 mg/m³），11 号站浮游动物生物量最低（15.00 mg/m³）。在冬季落潮航次中，北港北沙水域浮游动物生物量最高，其平均值为 87.69 mg/m³；北支水域浮游动物生物量次之，其平均值为 80.63 mg/m³；南支北港水域浮游动物生物量最低，其平均值为 41.97 mg/m³。其中，2 号站浮游动物生物量最高（133.33 mg/m³），9 号站浮游动物生物量最低（2.50 mg/m³）。

第四节　浮游动物丰度年度季节变化和平面分布

一、浮游动物丰度年度季节变化

通过 3 个年度 12 个航次的定量标本观察计数（表 4-3），长江口水域的浮游动物平均丰度为 340.46 个/m³，其中，浮游动物涨潮平均丰度为 336.66 个/m³，浮游动物落潮平均丰度为 344.26 个/m³。对不同季节而言，春季浮游动物平均丰度为 375.38 个/m³，其中浮游动物涨潮平均丰度为 422.65 个/m³，浮游动物落潮平均丰度为 328.10 个/m³；夏季浮游动物平均丰度为 84.07 个/m³，其中浮游动物涨潮平均丰度为 42.30 个/m³，浮游动物落潮平均丰度为 125.85 个/m³；秋季浮游动物平均丰度为 232.81 个/m³，其中浮游动物涨潮平均丰度为 216.45 个/m³，浮游动物落潮平均丰度为 249.16 个/m³；冬季浮游动物平均丰度为 669.59 个/m³，其中浮游动物涨潮平均丰度为 665.23 个/m³，浮游动物落潮平均丰度为 673.95 个/m³。

表 4-3　长江口调查水域浮游动物平均丰度（个/m³）

调查年度	潮位	春季	夏季	秋季	冬季	平均
	涨潮	235.32	30.18	275.55	994.49	383.89
2004—2005 年度	落潮	300.60	207.76	319.96	1 178.33	501.66
	平均	267.96	118.97	297.76	1 086.41	442.77
	涨潮	283.14	65.09	278.98	844.69	367.98
2005—2006 年度	落潮	261.26	81.44	324.50	775.76	360.74
	平均	272.20	73.27	301.74	810.23	364.36
	涨潮	749.49	31.63	94.83	156.52	258.12
2007—2008 年度	落潮	422.45	88.34	103.02	67.75	170.39
	平均	585.97	59.99	98.93	112.14	214.25
	涨潮	422.65	42.30	216.45	665.23	336.66
三个年度平均	落潮	328.10	125.85	249.16	673.95	344.26
	平均	375.38	84.07	232.81	669.59	340.46

　　就不同年度而言，2004—2005 年度调查结果显示，长江口水域的浮游动物平均丰度为 442.77 个/m³，其中，浮游动物涨潮平均丰度为 383.89 个/m³，浮游动物落潮平均丰度为 501.66 个/m³。春季浮游动物平均丰度为 267.96 个/m³，其中，浮游动物涨潮平均丰度为 235.32 个/m³，浮游动物落潮平均丰度为 300.60 个/m³；夏季浮游动物平均丰度为 118.97 个/m³，其中，浮游动物涨潮平均丰度为 30.18 个/m³，浮游动物落潮平均丰度为 207.76 个/m³；秋季浮游动物平均丰度为 297.76 个/m³，其中，浮游动物涨潮平均丰度为 275.55 个/m³，浮游动物落潮平均丰度为 319.96 个/m³；冬季浮游动物平均丰度为 1 086.41个/m³，其中，浮游动物涨潮平均丰度为 994.49 个/m³，浮游动物落潮平均丰度为 1 178.33 个/m³。

　　2005—2006 年度调查结果显示，长江口水域的浮游动物平均丰度为 364.36 个/m³，其中，浮游动物涨潮平均丰度为 367.98 个/m³，浮游动物落潮平均丰度为 360.74 个/m³。春季浮游动物平均丰度为 272.20 个/m³，其中，浮游动物涨潮平均丰度为 283.14 个/m³，

浮游动物落潮平均丰度为 261.26 个/m³；夏季浮游动物平均丰度为 73.27 个/m³，其中，浮游动物涨潮平均丰度为 65.09 个/m³，浮游动物落潮平均丰度为 81.44 个/m³；秋季浮游动物平均丰度为 301.74 个/m³，其中，浮游动物涨潮平均丰度为 278.98 个/m³，浮游动物落潮平均丰度为 324.50 个/m³；冬季浮游动物平均丰度为 810.23 个/m³，其中，浮游动物涨潮平均丰度为 844.69 个/m³，浮游动物落潮平均丰度为 775.76 个/m³。

2007—2008 年度调查结果显示，长江口水域的浮游动物平均丰度为 214.25 个/m³，其中，浮游动物涨潮平均丰度为 258.12 个/m³，浮游动物落潮平均丰度为 170.39 个/m³。春季浮游动物平均丰度为 585.97 个/m³，其中，浮游动物涨潮平均丰度为 749.49 个/m³，浮游动物落潮平均丰度为 422.45 个/m³；夏季浮游动物平均丰度为 59.99 个/m³，其中，浮游动物涨潮平均丰度为 31.63 个/m³，浮游动物落潮平均丰度为 88.34 个/m³；秋季浮游动物平均丰度为 98.93 个/m³，其中，浮游动物涨潮平均丰度为 94.83 个/m³，浮游动物落潮平均丰度为 103.02 个/m³；冬季浮游动物平均丰度为 112.14 个/m³，其中，浮游动物涨潮平均丰度为 156.52 个/m³，浮游动物落潮平均丰度为 67.75 个/m³。

二、浮游动物丰度平面分布特征

通过 2004—2005 年度春、夏、秋、冬 4 个航次涨落潮调查定量标本观察计数，长江口水域浮游动物丰度分布特征如图 4-4 所示。

在春季涨潮航次中，北港北沙水域浮游动物丰度最高，其平均值为 398.50 个/m³；北支水域浮游动物丰度次之，其平均值为 196.53 个/m³；南支北港水域浮游动物丰度最低，其平均值仅为 53.85 个/m³。在春季落潮航次中，北支水域浮游动物丰度最高，其平均值为 480.36 个/m³；南支北港水域浮游动物丰度次之，其平均值为 285.98 个/m³；北港北沙水域浮游动物丰度最低，其平均值仅为 57.70 个/m³。

在夏季涨潮航次中，北支水域浮游动物丰度最高，其平均值为 53.95 个/m³；北港北沙水域浮游动物丰度次之，其平均值为 11.68 个/m³；南港北支水域浮游动物丰度最低，其平均值仅为 5.56 个/m³。在夏季落潮航次中，北支水域浮游动物丰度最高，其平均值为 425.28 个/m³；北港北沙水域浮游动物丰度次之，其平均值为 24.24 个/m³；南港北支水域浮游动物丰度最低，其平均值仅为 6.09 个/m³。

在秋季涨潮航次中，北支水域浮游动物丰度最高，其平均值为 480.67 个/m³；南支北港水域浮游动物丰度次之，其平均值为 236.94 个/m³；北港北沙水域浮游动物丰度最低，其平均值仅为 11.54 个/m³。在秋季落潮航次中，北支水域浮游动物丰度最高，其平均值为 490.88 个/m³；南支北港水域浮游动物丰度次之，其平均值为 357.83 个/m³；北港北沙水域浮游动物丰度最低，其平均值仅为 57.94 个/m³。

在冬季涨潮航次中，北支水域浮游动物丰度最高，其平均值为 2 034.28 个/m³；北港

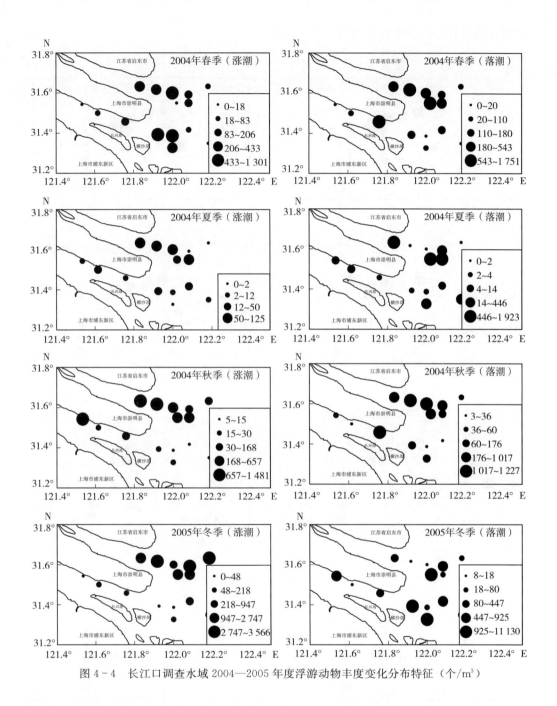

图 4-4 长江口调查水域 2004—2005 年度浮游动物丰度变化分布特征（个/m³）

北沙水域浮游动物丰度次之，其平均值为 108.88 个/m³；南港北支水域浮游动物丰度最低，其平均值仅为 44.36 个/m³。在冬季落潮航次中，北支水域浮游动物丰度最高，其平均值为 1 679.99 个/m³；北港北沙水域浮游动物丰度次之，其平均值为 1 975.00 个/m³；南港北支水域浮游动物丰度最低，其平均值仅为 346.67 个/m³。

通过 2005—2006 年度春、夏、秋、冬 4 个航次涨落潮调查定量标本观察计数，长江口水域浮游动物丰度分布特征如图 4-5 所示。

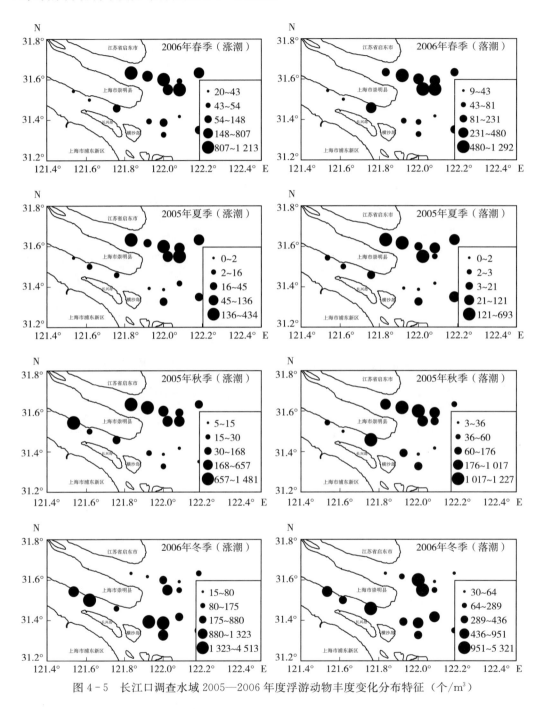

图 4-5 长江口调查水域 2005—2006 年度浮游动物丰度变化分布特征（个/m³）

在春季涨潮航次中，北支水域浮游动物丰度最高，其平均值为 549.50 个/m³；北港北沙水域浮游动物丰度次之，其平均值为 61.05 个/m³；南支北港水域浮游动物丰度最低，其平均值仅为 31.79 个/m³。在春季落潮航次中，北支水域浮游动物丰度最高，其平均值为 459.15 个/m³；南支北港水域浮游动物丰度次之，其平均值为 148.13 个/m³；北港北沙水域浮游动物丰度最低，其平均值仅为 52.10 个/m³。

在夏季涨潮航次中，北支水域浮游动物丰度最高，其平均值为 131.04 个/m³；北港北沙水域浮游动物丰度次之，其平均值为 9.03 个/m³；南港北支水域浮游动物丰度最低，其平均值仅为 4.63 个/m³。在夏季落潮航次中，北支水域浮游动物丰度最高，其平均值为 169.45 个/m³；北港北沙水域浮游动物丰度次之，其平均值为 5.74 个/m³；南港北支水域浮游动物丰度最低，其平均值仅为 2.24 个/m³。

在秋季涨潮航次中，北支水域浮游动物丰度最高，其平均值为 480.89 个/m³；南支北港水域浮游动物丰度次之，其平均值为 246.94 个/m³；北港北沙水域浮游动物丰度最低，其平均值仅为 13.55 个/m³。在秋季落潮航次中，北支水域浮游动物丰度最高，其平均值为 491.84 个/m³；南支北港水域浮游动物丰度次之，其平均值为 367.83 个/m³；北港北沙水域浮游动物丰度最低，其平均值仅为 59.64 个/m³。

在冬季涨潮航次中，北港北沙水域浮游动物丰度最高，其平均值为 1 663.62 个/m³；南支北港水域浮游动物丰度次之，其平均值为 797.95 个/m³；北支水域浮游动物丰度最低，其平均值仅为 279.76 个/m³。在冬季落潮航次中，南支北港水域浮游动物丰度最高，其平均值为 2 057.97 个/m³；北港北沙水域浮游动物丰度次之，其平均值为 455.78 个/m³；北支水域浮游动物丰度最低，其平均值仅为 455.78 个/m³。

通过 2007—2008 年度春、夏、秋、冬 4 个航次涨落潮调查定量标本观察计数，长江口水域浮游动物丰度分布特征如图 4-6 所示。

在春季涨潮航次中，南支北港水域浮游动物丰度最高，其平均值为 1 709.28 个/m³；北支水域浮游动物丰度次之，其平均值为 843.99 个/m³；北港北沙水域浮游动物丰度最低，其平均值仅为 41.31 个/m³。在春季落潮航次中，南支北港水域浮游动物丰度最高，其平均值为 578.72 个/m³；北支水域浮游动物丰度次之，其平均值为 561.08 个/m³；北港北沙水域浮游动物丰度最低，其平均值仅为 134.60 个/m³。

在夏季涨潮航次中，北港北沙水域浮游动物丰度最高，其平均值为 42.04 个/m³；北支水域浮游动物丰度次之，其平均值为 33.77 个/m³；南港北支水域浮游动物丰度最低，其平均值仅为 9.29 个/m³。在夏季落潮航次中，北支水域浮游动物丰度最高，其平均值为 151.96 个/m³；北港北沙水域浮游动物丰度次之，其平均值为 47.40 个/m³；南港北支水域浮游动物丰度最低，其平均值仅为 8.13 个/m³。

在秋季涨潮航次中，北支水域浮游动物丰度最高，其平均值为 107.17 个/m³；南支北港水域浮游动物丰度次之，其平均值为 87.26 个/m³；北港北沙水域浮游动物丰度最低，平均值为 82.11 个/m³。在秋季落潮航次中，南支北港水域浮游动物丰度最高，其平均值为 281.04 个/m³；北港北沙水域浮游动物丰度次之，其平均值为 65.76 个/m³；北支水域浮游动物丰度最低，平均值为 53.35 个/m³。

在冬季涨潮航次中，南支北港水域浮游动物丰度最高，其平均值为 284.81 个/m³；北港北沙水域浮游动物丰度次之，其平均值为 180.47 个/m³；北支水域浮游动物丰度最低，其平均值仅为 84.43 个/m³。在冬季落潮航次中，北港北沙水域浮游动物丰度最高，其平均值为 91.37 个/m³；南支北港水域浮游动物丰度次之，其平均值为 64.36 个/m³；北支水域浮游动物丰度最低，其平均值为 52.32 个/m³。

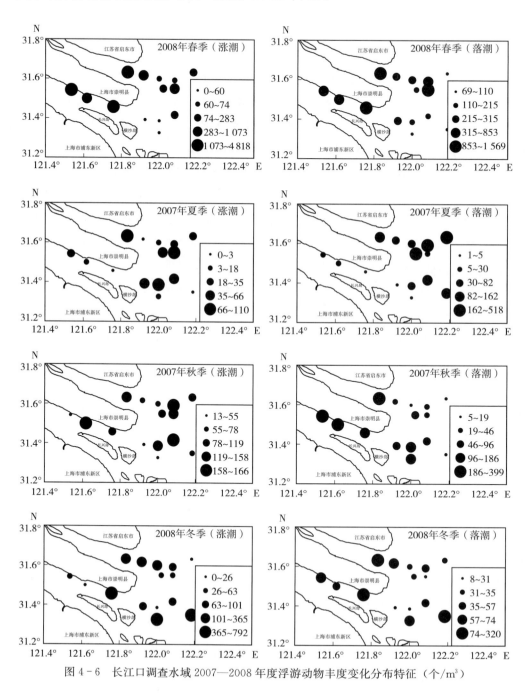

图 4-6　长江口调查水域 2007—2008 年度浮游动物丰度变化分布特征（个/m³）

第五节 浮游动物优势种及其分布

一、浮游动物优势种

取优势度 Y≥0.02 的浮游动物为长江口水域的优势种。统计三个年度四季调查数据，共出现优势种 17 种，四季共同的优势种有真刺唇角水蚤、火腿许水蚤和中华华哲水蚤 3 种（表 4-4、表 4-5）。

表 4-4 长江口调查水域浮游动物优势种优势度

优势种	春季			夏季			秋季			冬季		
	2004 年	2006 年	2008 年	2004 年	2005 年	2007 年	2004 年	2005 年	2007 年	2005 年	2006 年	2008 年
真刺唇角水蚤	0.12		0.02		0.32	0.02	0.12	0.12	0.06			0.04
虫肢歪水蚤	0.09	0.46	0.17	0.08		0.03		0.01				
江湖独眼钩虾	0.04											
短尾类溞状幼体	0.02	0.06										
火腿许水蚤		0.10	0.24		0.06	0.06			0.09			0.02
细巧华哲水蚤		0.09									0.63	0.04
中华华哲水蚤		0.04	0.45				0.13	0.08	0.31	0.72	0.17	0.56
太平洋纺锤水蚤				0.16	0.15	0.31						
中华胸刺水蚤					0.04							
长额刺糠虾					0.03							
双生水母					0.03							
中华哲水蚤							0.02	0.06	0.02			
小拟哲水蚤							0.18	0.16				
针刺拟哲水蚤							0.13	0.13				
双毛纺锤水蚤										0.12		0.05
近邻剑水蚤											0.03	
英勇剑水蚤												0.02

表 4-5 长江口调查水域浮游动物优势种丰度（个/m³）

优势种	春季			夏季			秋季			冬季		
	2004 年	2006 年	2008 年	2004 年	2005 年	2007 年	2004 年	2005 年	2007 年	2005 年	2006 年	2008 年
真刺唇角水蚤	55.04		15.35		30.88	3.93	45.33	45.33	10.10			7.58
虫肢歪水蚤	35.44	126.45	105.90	22.77		3.83		7.85				

长江口浮游生物

（续）

优势种	春季			夏季			秋季			冬季		
	2004年	2006年	2008年	2004年	2005年	2007年	2004年	2005年	2007年	2005年	2006年	2008年
江湖独眼钩虾	26.39											
短尾类溞状幼体	8.37	19.24										
火腿许水蚤		30.16	148.15	8.66	5.96			18.91				4.91
细巧华哲水蚤			29.39								563.71	7.65
中华华哲水蚤		14.38	274.17				62.31	40.41	41.91	863.38	161.06	70.20
太平洋纺锤水蚤				34.16	17.17	26.74						
中华胸刺水蚤					8.93							
长额刺糠虾					4.25							
双生水母						5.82						
中华哲水蚤							9.97	31.87	3.59			
小拟哲水蚤							84.25	65.73				
针刺拟哲水蚤							66.70	78.12				
双毛纺锤水蚤										172.86		11.58
近邻剑水蚤											35.16	
英勇剑水蚤												4.92

（1）春季　统计三个年度春季数据，春季优势种有7种。其中，虫肢歪水蚤优势度最高，为0.46，平均丰度为126.45个/m³，占总丰度的46.45%（2006年航次）；其他优势种还有中华华哲水蚤、真刺唇角水蚤、火腿许水蚤、短尾类溞状幼体、江湖独眼钩虾和细巧华哲水蚤（表4-4、表4-5）。

2004—2005年度有真刺唇角水蚤、虫肢歪水蚤、短尾类溞状幼体和江湖独眼钩虾等4种优势种。其中，真刺唇角水蚤优势度最高（0.12），平均丰度为55.04个/m³，占总丰度的21.39%。

2005—2006年度有虫肢歪水蚤、火腿许水蚤、中华华哲水蚤、短尾类溞状幼体和细巧华哲水蚤等5种优势种。其中，虫肢歪水蚤优势度最高（0.46），平均丰度为126.45个/m³，占总丰度的46.45%。

2007—2008年度有真刺唇角水蚤、虫肢歪水蚤、火腿许水蚤和中华华哲水蚤等4种优势种。其中，中华华哲水蚤优势度最高（0.45），平均丰度为274.17个/m³，占总丰度的45.22%。

（2）夏季　统计三个年度夏季数据，夏季优势种有7种。其中，真刺唇角水蚤优势度最高，为0.32，平均丰度为30.88个/m³，占总丰度的37.74%（2005年航次）；其他优势种还有火腿许水蚤、太平洋纺锤水蚤、虫肢歪水蚤、长额刺糠虾、中华胸刺水蚤和双生水母（表4-4、表4-5）。

2004—2005年度有虫肢歪水蚤和太平洋纺锤水蚤2种优势种。其中，太平洋纺锤水蚤优势度最高（0.16），平均丰度为 34.16 个/m³，占总丰度的 25.83%。

2005—2006 年度有真刺唇角水蚤、火腿许水蚤、太平洋纺锤水蚤、长额刺糠虾和中华胸刺水蚤等 5 种优势种。其中，真刺唇角水蚤优势度最高，为 0.32，平均丰度为 30.88 个/m³，占总丰度的 37.74%。

2007—2008 年度有真刺唇角水蚤、虫肢歪水蚤、火腿许水蚤、太平洋纺锤水蚤和双生水母等 5 种优势种。其中，太平洋纺锤水蚤优势度最高（0.31），平均丰度为 26.74 个/m³，占总丰度的 44.58%。

（3）秋季　统计三个年度秋季数据，秋季优势种有 7 种。其中，中华华哲水蚤优势度最高（0.31），平均丰度为 41.91 个/m³，占总丰度的 42.37%（2007 年航次）；其他优势种还有虫肢歪水蚤、火腿许水蚤、中华哲水蚤、真刺唇角水蚤、小拟哲水蚤和针刺拟哲水蚤（表 4-4、表 4-5）。

2004—2005 年度有真刺唇角水蚤、中华华哲水蚤、中华哲水蚤、小拟哲水蚤和针刺拟哲水蚤等 5 种优势种。其中，小拟哲水蚤优势度最高（0.18），平均丰度为 84.25 个/m³，占总丰度的 28.29%。

2005—2006 年度有真刺唇角水蚤、虫肢歪水蚤、中华华哲水蚤、中华哲水蚤、小拟哲水蚤和针刺拟哲水蚤等 6 种优势种。其中，小拟哲水蚤优势度最高（0.16），平均丰度为 65.73 个/m³，占总丰度的 21.38%。

2007—2008 年度有真刺唇角水蚤、火腿许水蚤、中华华哲水蚤和中华哲水蚤等 4 种优势种。其中，中华华哲水蚤优势度最高（0.31），平均丰度为 41.91 个/m³，占总丰度的 42.37%。

（4）冬季　统计三个年度冬季数据，冬季优势种有 7 种。其中，中华华哲水蚤优势度最高，为 0.72，平均丰度为 863.38 个/m³，占总丰度的 79.47%（2005 年航次）；其他优势种还有细巧华哲水蚤、火腿许水蚤、真刺唇角水蚤、双毛纺锤水蚤、近邻剑水蚤和英勇剑水蚤（表 4-4、表 4-5）。

2004—2005 年度有中华华哲水蚤和双毛纺锤水蚤 2 种优势种。其中，中华华哲水蚤优势度最高，为 0.72，平均丰度为 863.38 个/m³，占总丰度的 79.47%。

2005—2006 年度有细巧华哲水蚤、中华华哲水蚤和近邻剑水蚤 3 种优势种。其中，细巧华哲水蚤优势度最高（0.63），平均丰度为 563.71 个/m³，占总丰度的 69.58%。

2007—2008 年度有真刺唇角水蚤、火腿许水蚤、细巧华哲水蚤、中华华哲水蚤、双毛纺锤水蚤和英勇剑水蚤等 6 种优势种。其中，中华华哲水蚤优势度最高（0.56），平均丰度为 70.20 个/m³，占总丰度的 62.36%。

二、浮游动物优势种分布特征

根据浮游动物优势种在不同年度以及各个季度出现的频率，选择了出现频率较高的

真刺唇角水蚤、火腿许水蚤、细巧华哲水蚤、中华华哲水蚤、虫肢歪水蚤、太平洋纺锤水蚤和中华哲水蚤这7种优势种进行了平面分布特征分析。

（一）真刺唇角水蚤

真刺唇角水蚤（*Labidocera euchaeta*）隶属于桡足亚纲（Copepoda）、哲水蚤目（Calanoida）、角水蚤科（Pontellidae），广泛分布于我国渤海、黄海、东海和南海沿海水域。在三个年度四季调查中，每个季节均为优势种。

在2004—2005年春季调查涨潮航次中，北支水域真刺唇角水蚤丰度最高，其平均值为91.07个/m³；北港北沙水域真刺唇角水蚤丰度次之，其平均值为4.00个/m³；南支北港水域真刺唇角水蚤丰度最低，8～10号站均未检出。在春季调查落潮航次中，北支水域真刺唇角水蚤丰度最高，其平均值为154.04个/m³；北港北沙水域真刺唇角水蚤丰度次之，其平均值为2.10个/m³；南支北港水域真刺唇角水蚤丰度最低，8～10号站均未检出（图4-7）。

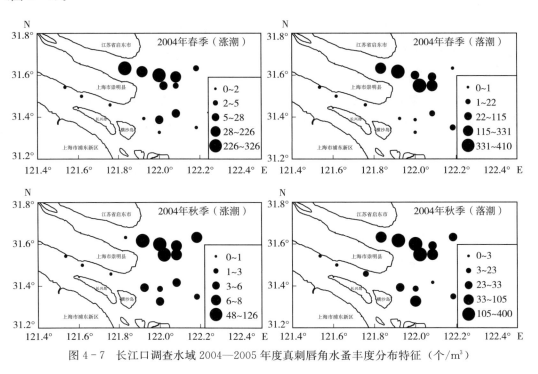

图4-7　长江口调查水域2004—2005年度真刺唇角水蚤丰度分布特征（个/m³）

在2004—2005年度秋季调查涨潮航次中，北支水域真刺唇角水蚤丰度最高，其平均值为45.88个/m³；北港北沙水域真刺唇角水蚤丰度次之，其平均值为2.99个/m³；南支北港水域真刺唇角水蚤丰度最低，8～10号站均未检出。在秋季调查落潮航次中，北支水域真刺唇角水蚤丰度最高，其平均值为133.59个/m³；北港北沙水域真刺唇角水蚤丰度次之，其平均值为13.61个/m³；南支北港水域真刺唇角水蚤丰度最低，其平均值为

6.83个/m³，9号站未检出（图4-7）。

在2005—2006年度春季调查涨潮航次中，北支水域真刺唇角水蚤丰度最高，其平均值为47.44个/m³；南支北港水域真刺唇角水蚤丰度次之，其平均值为1.82个/m³；北港北沙水域真刺唇角水蚤丰度最低，其平均值为0.69个/m³。其中，11、13和14号站均未检出。在春季调查落潮航次中，北支水域真刺唇角水蚤丰度最高，其平均值为27.44个/m³；南支北港水域真刺唇角水蚤丰度次之，其平均值为6.89个/m³；北港北沙水域真刺唇角水蚤丰度最低，其平均值为0.64个/m³。其中，11和13号站均未检出（图4-8）。

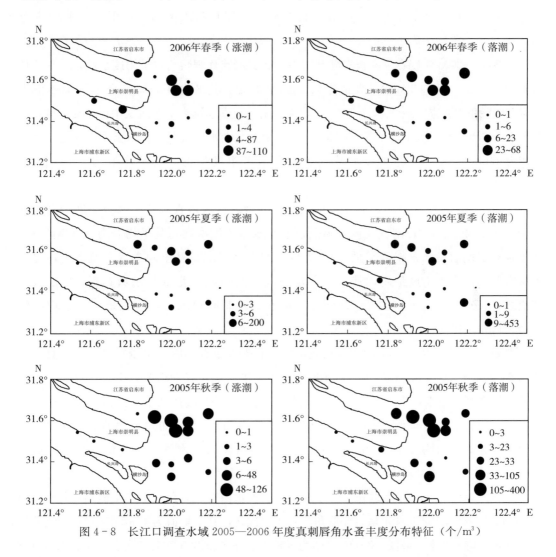

图4-8 长江口调查水域2005—2006年度真刺唇角水蚤丰度分布特征（个/m³）

在2005—2006年度夏季调查涨潮航次中，北支水域真刺唇角水蚤丰度最高，其平均值为41.49个/m³；北港北沙水域真刺唇角水蚤丰度次之，其平均值为1.74个/m³；南支北港水域真刺唇角水蚤丰度最低，其平均值为0.49个/m³。在夏季调查落潮航次中，北

支水域真刺唇角水蚤丰度最高，其平均值为 73.73 个/m³；北港北沙水域真刺唇角水蚤丰度次之，其平均值为 3.00 个/m³；南支北港水域真刺唇角水蚤丰度最低，其平均值为 0.73 个/m³（图 4-8）。

在 2005—2006 年度秋季调查涨潮航次中，北支水域真刺唇角水蚤丰度最高，其平均值为 45.88 个/m³；北港北沙水域真刺唇角水蚤丰度次之，其平均值为 2.99 个/m³；南支北港水域真刺唇角水蚤丰度最低，8～10 号站均未检出。在秋季调查落潮航次中，北支水域真刺唇角水蚤丰度最高，其平均值为 133.59 个/m³；北港北沙水域真刺唇角水蚤丰度次之，其平均值为 13.61 个/m³；南支北港水域真刺唇角水蚤丰度最低，其平均值为 6.83 个/m³（图 4-8）。

在 2007—2008 年度春季调查涨潮航次中，北支水域真刺唇角水蚤丰度最高，其平均值为 49.19 个/m³；北港北沙水域真刺唇角水蚤丰度次之，其平均值为 0.75 个/m³；南支北港水域真刺唇角水蚤丰度最低，8～10 号站均未检出。在春季调查落潮航次中，北支水域真刺唇角水蚤丰度最高，其平均值为 13.19 个/m³；南支北港水域真刺唇角水蚤丰度次之，其平均值为 1.03 个/m³；北港北沙水域真刺唇角水蚤丰度最低，其平均值为 0.31 个/m³（图 4-9）。

在 2007—2008 年度夏季调查涨潮航次中，北港北沙水域真刺唇角水蚤丰度最高，其平均值为 0.28 个/m³；南支北港水域真刺唇角水蚤丰度次之，其平均值为 0.24 个/m³；北支水域真刺唇角水蚤丰度最低，1～7 号站均未检出。在夏季调查落潮航次中，北支水域真刺唇角水蚤丰度最高，其平均值为 16.39 个/m³；北港北沙水域真刺唇角水蚤丰度次之，其平均值为 0.15 个/m³；南支北港水域真刺唇角水蚤丰度最低，其平均值为 0.12 个/m³（图 4-9）。

在 2007—2008 年度秋季调查涨潮航次中，北支水域真刺唇角水蚤丰度最高，其平均值为 27.57 个/m³；北港北沙水域真刺唇角水蚤丰度次之，其平均值为 1.24 个/m³；南支北港水域真刺唇角水蚤丰度最低，其平均值为 0.35 个/m³。在秋季调查落潮航次中，北支水域真刺唇角水蚤丰度最高，其平均值为 12.84 个/m³；北港北沙水域真刺唇角水蚤丰度次之，其平均值为 2.19 个/m³；南支北港水域真刺唇角水蚤丰度最低，其平均值为 0.63 个/m³（图 4-9）。

在 2007—2008 年度冬季调查涨潮航次中，北支水域真刺唇角水蚤丰度最高，其平均值为 17.46 个/m³；北港北沙水域真刺唇角水蚤丰度次之，其平均值为 1.37 个/m³；南支北港水域真刺唇角水蚤丰度最低，8～10 号站均未检出。在冬季调查落潮航次中，北支水域真刺唇角水蚤丰度最高，其平均值为 12.74 个/m³；北港北沙水域真刺唇角水蚤丰度次之，其平均值为 1.57 个/m³；南支北港水域真刺唇角水蚤丰度最低，其平均值为 0.72 个/m³（图 4-9）。

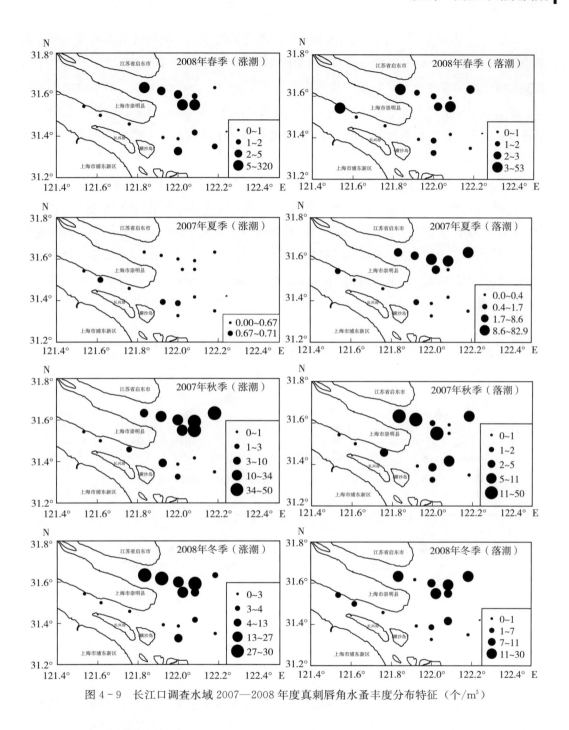

图 4 - 9　长江口调查水域 2007—2008 年度真刺唇角水蚤丰度分布特征（个/m³）

（二）中华华哲水蚤

中华华哲水蚤（*Sinocalanus sinensis*）隶属于桡足亚纲（Copepoda）、哲水蚤目（Calanoida）、胸刺水蚤科（Centropagidae），为河口常见种。在三个年度四季调查中，秋、冬季均为优势种。

在 2004—2005 年度秋季调查涨潮航次中，南支北港水域中华华哲水蚤丰度最高，其平均值为 233.83 个/m³；北港北沙水域中华华哲水蚤丰度次之，其平均值为 3.14 个/m³；北支水域中华华哲水蚤丰度最低，其平均值为 1.79 个/m³。在秋季调查落潮航次中，南支北港水域中华华哲水蚤丰度最高，其平均值为 330.83 个/m³；北港北沙水域中华华哲水蚤丰度次之，其平均值为 21.17 个/m³；北支水域中华华哲水蚤丰度最低，其平均值为 5.90 个/m³（图 4 - 10）。

在 2004—2005 年度冬季调查涨潮航次中，北支水域中华华哲水蚤丰度最高，其平均值为 1 637.86 个/m³；北港北沙水域中华华哲水蚤丰度次之，其平均值为 68.88 个/m³；南支北港水域中华华哲水蚤丰度最低，其平均值为 39.17 个/m³。在冬季调查落潮航次中，南支北港水域中华华哲水蚤丰度最高，其平均值为 1 232.84 个/m³；北港北沙水域中华华哲水蚤丰度次之，其平均值为 883.42 个/m³；北支水域中华华哲水蚤丰度最低，其平均值为 309.17 个/m³（图 4 - 10）。

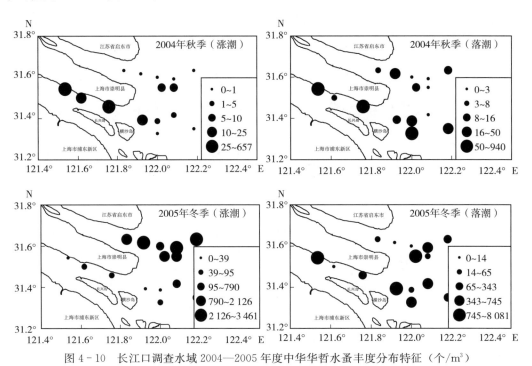

图 4 - 10　长江口调查水域 2004—2005 年度中华华哲水蚤丰度分布特征（个/m³）

在 2005—2006 年度春季调查涨潮航次中，北支水域中华华哲水蚤丰度最高，其平均值为 23.83 个/m³；南支北港水域中华华哲水蚤丰度次之，其平均值为 4.47 个/m³；北港北沙水域中华华哲水蚤丰度最低，其平均值为 1.97 个/m³。在春季调查落潮航次中，北支水域中华华哲水蚤丰度最高，其平均值为 28.68 个/m³；南支北港水域中华华哲水蚤丰度次之，其平均值为 11.37 个/m³；北港北沙水域中华华哲水蚤丰度最低，其平均值为 1.29 个/m³（图 4 - 11）。

在2005—2006年度秋季调查涨潮航次中，南支北港水域中华华哲水蚤丰度最高，其平均值为14.78个/m³；北港北沙水域中华华哲水蚤丰度次之，其平均值为3.15个/m³；北支水域中华华哲水蚤丰度最低，其平均值为1.78个/m³。在秋季调查落潮航次中，南支北港水域中华华哲水蚤丰度最高，其平均值为333.83个/m³；北港北沙水域中华华哲水蚤丰度次之，其平均值为24.17个/m³；北支水域中华华哲水蚤丰度最低，其平均值为6.90个/m³（图4-11）。

在2005—2006年度冬季调查涨潮航次中，北港北沙水域中华华哲水蚤丰度最高，其平均值为294.23个/m³；北支水域中华华哲水蚤丰度次之，其平均值为177.33个/m³；南支北港水域中华华哲水蚤丰度最低，其平均值为84.54个/m³。在冬季调查落潮航次中，北支水域中华华哲水蚤丰度最高，其平均值为216.62个/m³，北港北沙水域中华华哲水蚤丰度次之，其平均值为64.25个/m³；南支北港水域中华华哲水蚤丰度最低，其平均值为9.33个/m³（图4-11）。

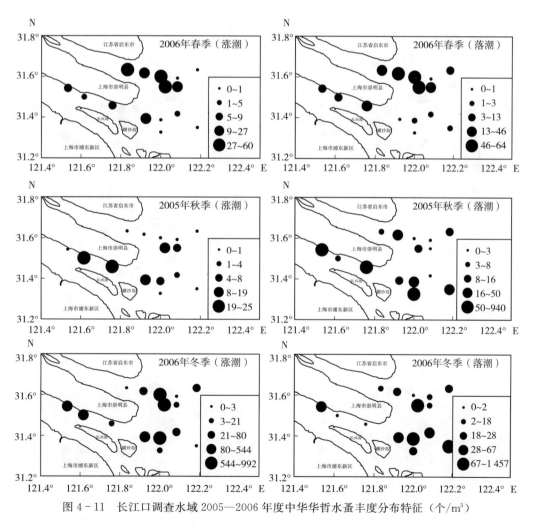

图4-11　长江口调查水域2005—2006年度中华华哲水蚤丰度分布特征（个/m³）

在 2007—2008 年度春季调查涨潮航次中，南支北港水域中华华哲水蚤丰度最高，其平均值为 1 603.35 个/m³；北支水域中华华哲水蚤丰度次之，其平均值为 138.59 个/m³；北港北沙水域中华华哲水蚤丰度最低，其平均值为 19.93 个/m³。在春季调查落潮航次中，南支北港水域中华华哲水蚤丰度最高，其平均值为 478.29 个/m³；北港北沙水域中华华哲水蚤丰度次之，其平均值为 70.52 个/m³；北支水域中华华哲水蚤丰度最低，其平均值为 40.52 个/m³（图 4 - 12）。

在 2007—2008 年度秋季调查涨潮航次中，南支北港水域中华华哲水蚤丰度最高，其平均值为 83.78 个/m³；北支水域中华华哲水蚤丰度次之，其平均值为 20.89 个/m³；北港北沙水域中华华哲水蚤丰度最低，其平均值为 14.95 个/m³。在秋季调查落潮航次中，南支北港水域中华华哲水蚤丰度最高，其平均值为 140.63 个/m³；北港北沙水域中华华哲水蚤丰度次之，其平均值为 47.00 个/m³；北支水域中华华哲水蚤丰度最低，其平均值为 18.28 个/m³（图 4 - 12）。

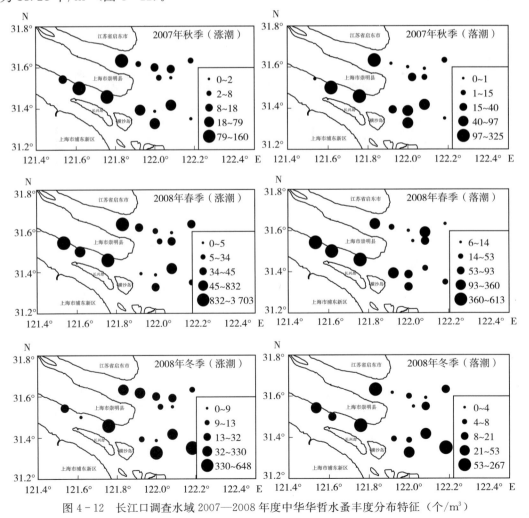

图 4 - 12　长江口调查水域 2007—2008 年度中华华哲水蚤丰度分布特征（个/m³）

在 2007—2008 年度冬季调查涨潮航次中，南支北港水域中华华哲水蚤丰度最高，其平均值为 221.71 个/m³；北港北沙水域中华华哲水蚤丰度次之，其平均值为 150.62 个/m³；北支水域中华华哲水蚤丰度最低，其平均值为 21.88 个/m³。在冬季调查落潮航次中，北港北沙水域中华华哲水蚤丰度最高，其平均值为 69.24 个/m³；南支北港水域中华华哲水蚤丰度次之，其平均值为 28.56 个/m³；北支水域中华华哲水蚤丰度最低，其平均值为 14.70 个/m³（图 4-12）。

（三）虫肢歪水蚤

虫肢歪水蚤（*Tortanus vermiculus*）隶属于桡足亚纲（Copepoda）、哲水蚤目（Calanoida）、歪水蚤科（Tortanidae），为河口常见种。在三个年度四季调查中，春夏秋季为优势种。

在 2004—2005 年度春季调查涨潮航次中，北支水域虫肢歪水蚤丰度最高，其平均值为 34.18 个/m³；北港北沙水域虫肢歪水蚤丰度次之，其平均值为 4.00 个/m³；南支北港水域虫肢歪水蚤丰度最低，8~10 号站均未检出。在春季调查落潮航次中，北支水域虫肢歪水蚤丰度最高，其平均值为 61.01 个/m³；北港北沙水域虫肢歪水蚤丰度次之，其平均值为 8.00 个/m³；南支北港水域虫肢歪水蚤丰度最低，其平均值为 0.12 个/m³（图 4-13）。

在 2004—2005 年度夏季调查涨潮航次中，北支水域虫肢歪水蚤丰度最高，其平均值为 7.26 个/m³；北港北沙和南支北港水域虫肢歪水蚤各站均未检出。在夏季调查落潮航次中，北支水域虫肢歪水蚤丰度最高，其平均值为 80.12 个/m³；北港北沙水域虫肢歪水蚤丰度次之，其平均值为 0.63 个/m³；南支北港水域虫肢歪水蚤各站均未检出（图 4-13）。

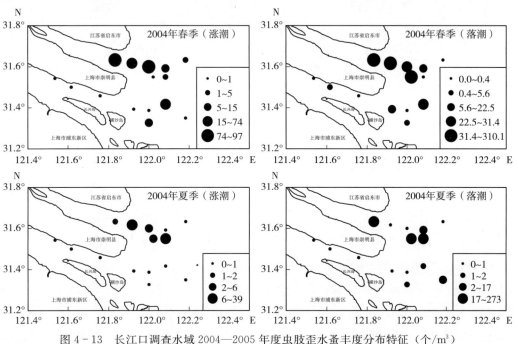

图 4-13　长江口调查水域 2004—2005 年度虫肢歪水蚤丰度分布特征（个/m³）

在 2005—2006 年度春季调查涨潮航次中，北支水域虫肢歪水蚤丰度最高，其平均值为315.95 个/m³；南支北港水域虫肢歪水蚤丰度次之，其平均值为 11.31 个/m³；北港北沙水域虫肢歪水蚤丰度最低，其平均值为 10.75 个/m³。在春季调查落潮航次中，北支水域虫肢歪水蚤丰度最高，其平均值为 168.16 个/m³；南支北港水域虫肢歪水蚤丰度次之，其平均值为 86.70 个/m³；北港北沙水域虫肢歪水蚤丰度最低，其平均值为 11.41 个/m³（图 4‑14）。

在 2005—2006 年度秋季调查涨潮航次中，北支水域虫肢歪水蚤丰度最高，其平均值为 10.26 个/m³；北港北沙虫肢歪水蚤丰度次之，其平均值为 1.70 个/m³；南支北港水域虫肢歪水蚤最低，其平均值为 0.11 个/m³。在秋季调查落潮航次中，北支水域虫肢歪水蚤丰度最高，其平均值为 16.75 个/m³；南支北港水域虫肢歪水蚤丰度次之，其平均值为6.67 个/m³；北港北沙水域虫肢歪水蚤最低，其平均值为 3.50 个/m³（图 4‑14）。

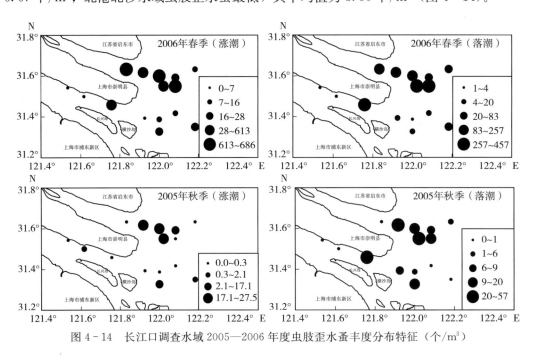

图 4‑14　长江口调查水域 2005—2006 年度虫肢歪水蚤丰度分布特征（个/m³）

在 2007—2008 年度春季调查涨潮航次中，北支水域虫肢歪水蚤丰度最高，其平均值为218.20 个/m³；南支北港水域虫肢歪水蚤丰度次之，其平均值为 15.98 个/m³；北港北沙水域虫肢歪水蚤丰度最低，其平均值为 8.63 个/m³。在春季调查落潮航次中，北支水域虫肢歪水蚤丰度最高，其平均值为 177.79 个/m³；北港北沙水域虫肢歪水蚤丰度次之，其平均值为36.73 个/m³；南支北港水域虫肢歪水蚤丰度最低，其平均值为 8.14 个/m³（图 4‑15）。

在 2007—2008 年度夏季调查涨潮航次中，北支水域虫肢歪水蚤丰度最高，其平均值为 1.32 个/m³；北港北沙水域虫肢歪水蚤丰度次之，其平均值为 0.57 个/m³；南支北港水域虫肢歪水蚤最低，其平均值为 0.17 个/m³。在夏季调查落潮航次中，北支水域虫肢歪水蚤丰度最高，其平均值为 14.31 个/m³；北港北沙水域虫肢歪水蚤丰度次之，其平均值为 0.33 个/m³；南支北港水域虫肢歪水蚤最低，其平均值为 0.12 个/m³（图 4 - 15）。

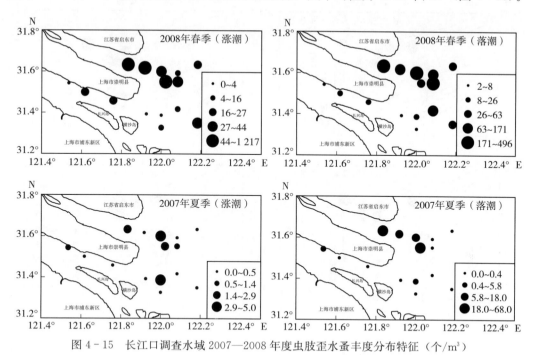

图 4 - 15　长江口调查水域 2007—2008 年度虫肢歪水蚤丰度分布特征（个/m³）

（四）火腿许水蚤

火腿许水蚤（*Schmackeria poplesia*）隶属于桡足亚纲（Copepoda）、哲水蚤目（Calanoida）、伪镖水蚤科（Pseudodiaptomidae），为河口常见种。在三个年度四季调查中，不同年度中春、夏、秋、冬季为优势种。

在 2005—2006 年度春季调查涨潮航次中，北支水域火腿许水蚤丰度最高，其平均值为 46.14 个/m³；北港北沙水域火腿许水蚤丰度次之，其平均值为 1.55 个/m³；南支北港水域火腿许水蚤丰度最低，其平均值为 1.23 个/m³。在春季调查落潮航次中，北支水域火腿许水蚤丰度最高，其平均值为 73.38 个/m³；北港北沙水域火腿许水蚤丰度次之，其平均值为 7.23 个/m³；南支北港水域火腿许水蚤丰度最低，其平均值为 6.83 个/m³（图 4 - 16）。

在 2005—2006 年度夏季调查涨潮航次中，北支水域火腿许水蚤丰度最高，其平均值为 16.84 个/m³；北港北沙水域火腿许水蚤丰度次之，其平均值为 0.82 个/m³；南支北港水域火腿许水蚤丰度最低，其平均值为 0.20 个/m³。在夏季调查落潮航次中，北支水域火腿许水蚤丰度最高，其平均值为 15.86 个/m³；南支北港水域火腿许水蚤丰度次之，其平均值为 0.10 个/m³；北港北沙水域火腿许水蚤各个站位均未检出（图 4 - 16）。

在 2007—2008 年度春季调查涨潮航次中，北支水域火腿许水蚤丰度最高，其平均值为

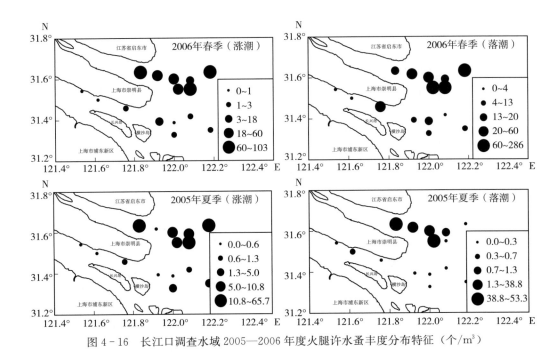

图 4-16　长江口调查水域 2005—2006 年度火腿许水蚤丰度分布特征（个/m³）

380.98 个/m³；南支北港水域火腿许水蚤丰度次之，其平均值为 73.36 个/m³；北港北沙水域火腿许水蚤丰度最低，其平均值为 6.83 个/m³。在春季调查落潮航次中，北支水域火腿许水蚤丰度最高，其平均值为 147.31 个/m³；南支北港水域火腿许水蚤丰度次之，其平均值为 85.71 个/m³；北港北沙水域火腿许水蚤丰度最低，其平均值为 17.38 个/m³（图 4-17）。

在 2007—2008 年度夏季调查涨潮航次中，北港北沙水域火腿许水蚤丰度最高，其平均值为 8.94 个/m³；北支水域火腿许水蚤丰度次之，其平均值为 1.09 个/m³；南支北港水域火腿许水蚤丰度最低，其平均值为 0.17 个/m³。在夏季调查落潮航次中，北港北沙水域火腿许水蚤丰度最高，其平均值为 11.29 个/m³；北支水域火腿许水蚤丰度次之，其平均值为 9.84 个/m³；南支北港水域火腿许水蚤丰度最低，其平均值为 0.24 个/m³（图 4-17）。

在 2007—2008 年度秋季调查涨潮航次中，北港北沙水域火腿许水蚤丰度最高，其平均值 27.44 个/m³；北支水域火腿许水蚤丰度次之，其平均值为 1.48 个/m³；南支北港水域火腿许水蚤丰度最低，其平均值为 0.86 个/m³。在秋季调查落潮航次中，南支北港水域火腿许水蚤丰度最高，其平均值为 116.88 个/m³；北支水域火腿许水蚤丰度次之，其平均值为 8.91 个/m³；北港北沙水域火腿许水蚤丰度最低，其平均值为 0.86 个/m³（图 4-17）。

在 2007—2008 年度冬季调查涨潮航次中，北支水域火腿许水蚤丰度最高，其平均值为 12.44 个/m³；北港北沙水域火腿许水蚤丰度次之，其平均值为 1.60 个/m³；南支北港水域火腿许水蚤丰度最低，其平均值为 1.33 个/m³。在冬季调查落潮航次中，北支水域火腿许水蚤丰度最高，其平均值为 5.54 个/m³；北港北沙水域火腿许水蚤丰度次之，其平均值为 1.20 个/m³；南支北港水域火腿许水蚤丰度最低，其平均值为 1.11 个/m³（图 4-17）。

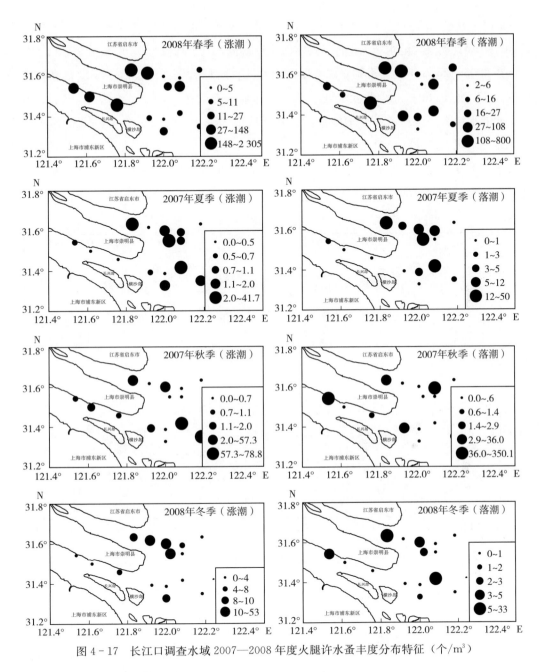

图 4-17 长江口调查水域 2007—2008 年度火腿许水蚤丰度分布特征（个/m³）

（五）太平洋纺锤水蚤

太平洋纺锤水蚤（*Acartia pacifica*）隶属于桡足亚纲（Copepoda）、哲水蚤目（Calanoida）、纺锤水蚤科（Acartiidae），为沿岸常见种。在三个年度四季调查中，夏季为优势种。

在 2004—2005 年度夏季调查涨潮航次中，北支水域太平洋纺锤水蚤丰度最高，其平均值为 30.19 个/m³；北港北沙水域太平洋纺锤水蚤丰度次之，其平均值为 1.26 个/m³；南支北港水域太平洋纺锤水蚤各站均未检出。在夏季调查落潮航次中，北支水域太平洋纺锤水蚤

丰度最高，其平均值为 91.78 个/m³；北港北沙水域太平洋纺锤水蚤丰度次之，其平均值为 12.10 个/m³；南支北港水域太平洋纺锤水蚤丰度最低，其平均值为 0.55 个/m³（图 4-18）。

在 2005—2006 年度夏季调查涨潮航次中，北支水域太平洋纺锤水蚤丰度最高，其平均值为 37.54 个/m³；北港北沙水域太平洋纺锤水蚤丰度次之，其平均值为 1.94 个/m³；南支北港水域太平洋纺锤水蚤丰度最低，其平均值为 0.10 个/m³。在夏季调查落潮航次中，北支水域太平洋纺锤水蚤丰度最高，其平均值为 26.55 个/m³；北港北沙水域太平洋纺锤水蚤丰度次之，其平均值为 0.70 个/m³；南支北港水域太平洋纺锤水蚤丰度最低，其平均值为 0.51 个/m³（图 4-18）。

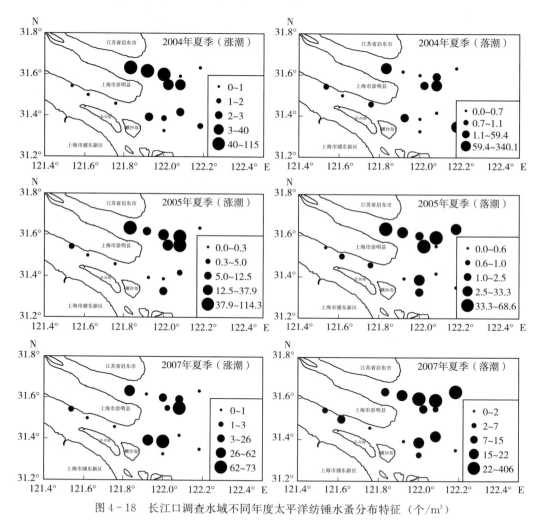

图 4-18　长江口调查水域不同年度太平洋纺锤水蚤分布特征（个/m³）

在 2007—2008 年度夏季调查涨潮航次中，北支水域太平洋纺锤水蚤丰度最高，其平均值为 19.05 个/m³；北港北沙水域太平洋纺锤水蚤丰度次之，其平均值为 17.63 个/m³；南支北港水域太平洋纺锤水蚤丰度最低，其平均值为 0.33 个/m³。在夏季调查落潮航次中，北支水域太平洋纺锤水蚤丰度最高，其平均值为 75.86 个/m³；北港北沙水域太平洋纺锤水蚤丰度次之，其平均值为 7.67 个/m³；南支北港水域太平洋纺锤水蚤丰度最低，其平均值为 3.44 个/m³（图 4-18）。

（六）中华哲水蚤

中华哲水蚤（*Calanus sinicus*）隶属于桡足亚纲（Copepoda）、哲水蚤目（Calanoida）、哲水蚤科（Calanidae），主要分布于中国黄海和东海近海区，数量较大，为这些水域的优势种。在三个年度四季调查中，秋季为优势种。

在 2004—2005 年度秋季调查涨潮航次中，北支水域中华哲水蚤丰度最高，其平均值为 26.33 个/m³；北港北沙水域中华哲水蚤丰度次之，其平均值为 0.20 个/m³；南支北港水域中华哲水蚤丰度最低，其平均值为 0.11 个/m³。在秋季调查落潮航次中，北支水域中华哲水蚤丰度最高，其平均值为 13.23 个/m³；南支北港水域中华哲水蚤丰度次之，其平均值为 6.67 个/m³；北港北沙水域中华哲水蚤丰度最低，其平均值为 0.17 个/m³（图 4-19）。

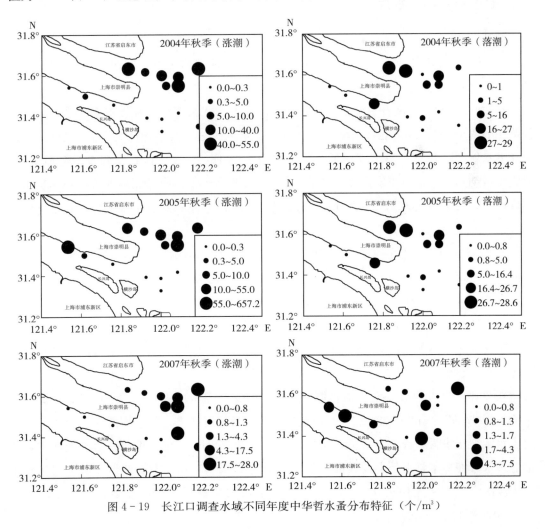

图 4-19　长江口调查水域不同年度中华哲水蚤分布特征（个/m³）

在 2005—2006 年度秋季调查涨潮航次中，南支北港水域中华哲水蚤丰度最高，其平均值为 219.16 个/m³；北支水域中华哲水蚤丰度次之，其平均值为 26.33 个/m³；北港北沙水域中华哲水蚤丰度最低，其平均值为 0.20 个/m³。在秋季调查落潮航次中，北支水域中华哲水蚤丰度最高，其平均值为 13.24 个/m³；南支北港水域中华哲水蚤丰度次之，其平均值为 6.67 个/m³；北港北沙水域中华哲水蚤丰度最低，其平均值为 0.17 个/m³（图 4 - 19）。

在 2007—2008 年度秋季调查涨潮航次中，北支水域中华哲水蚤丰度最高，其平均值为 8.81 个/m³；北港北沙水域中华哲水蚤丰度次之，其平均值为 3.77 个/m³；南支北港水域中华哲水蚤各站均未检出。在秋季调查落潮航次中，南支北港水域中华哲水蚤丰度最高，其平均值为 4.17 个/m³；北支水域中华哲水蚤丰度次之，其平均值为 1.29 个/m³；北港北沙水域中华哲水蚤丰度最低，其平均值为 1.11 个/m³（图 4 - 19）。

（七）细巧华哲水蚤

细巧华哲水蚤（*Sinocalanus tenellus*）隶属于桡足亚纲（Copepoda）、哲水蚤目（Calanoida）、胸刺水蚤科（Centropagidae），为沿海河口常见种。2006 年春季和冬季以及 2008 年冬季为优势种。

在 2005—2006 年度春季调查涨潮航次中，北支水域细巧华哲水蚤丰度最高，其平均值为 40.65 个/m³；北港北沙水域细巧华哲水蚤丰度次之，其平均值为 27.73 个/m³；南支北港水域细巧华哲水蚤丰度最低，其平均值为 9.18 个/m³。在春季调查落潮航次中，北支水域细巧华哲水蚤丰度最高，其平均值为 36.15 个/m³；南支北港水域细巧华哲水蚤丰度次之，其平均值为 27.14 个/m³；北港北沙水域细巧华哲水蚤丰度最低，其平均值为 19.32 个/m³（图 4 - 20）。

在 2005—2006 年度冬季调查涨潮航次中，北港北沙水域细巧华哲水蚤丰度最高，其平均值为 1 245.22 个/m³；南支北港水域细巧华哲水蚤丰度次之，其平均值为 643.45 个/m³；北支水域细巧华哲水蚤丰度最低，其平均值为 16.69 个/m³。在冬季调查落潮航次中，南支北港水域细巧华哲水蚤丰度最高，其平均值为 1 988.10 个/m³；北港北沙水域细巧华哲水蚤丰度次之，其平均值为 268.74 个/m³；北支水域细巧华哲水蚤丰度最低，其平均值为 190.01 个/m³（图 4 - 20）。

在 2007—2008 年度冬季调查涨潮航次中，南支北港水域细巧华哲水蚤丰度最高，其平均值为 37.67 个/m³；北港北沙水域细巧华哲水蚤丰度次之，其平均值为 11.98 个/m³；北支水域细巧华哲水蚤丰度最低，其平均值为 0.36 个/m³。在冬季调查落潮航次中，北港北沙水域细巧华哲水蚤丰度最高，其平均值为 7.92 个/m³；南支北港水域细巧华哲水蚤丰度次之，其平均值为 4.03 个/m³；北支水域细巧华哲水蚤丰度最低，其平均值为 0.10 个/m³（图 4 - 20）。

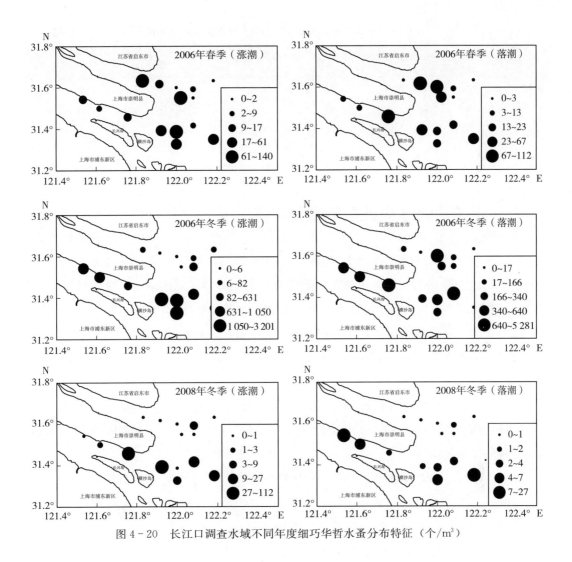

图 4 - 20 长江口调查水域不同年度细巧华哲水蚤分布特征（个/m³）

第六节 浮游动物多样性

一、浮游动物多样性整体变化特征

从 3 个年度 12 个航次的调查来看，调查水域浮游动物多样性指数 H' 均值为 1.46 ± 0.61，均匀度 J' 均值为 0.58 ± 0.13，丰富度 d 均值为 0.95 ± 0.47，单纯度 C 均值为 0.50 ± 0.17。总体来看，调查水域多样性指数较高，均匀度较高而单纯度较小，表明调查水域浮游动物种间比例较均匀（表 4 - 6）。

表4-6　长江口调查水域浮游动物多样性整体变化特征

指标	春季	夏季	秋季	冬季	三个年度
多样性指数 H'	1.78±0.51	1.48±0.42	1.41±0.58	1.18±0.43	1.46±0.61
均匀度 J'	0.63±0.11	0.63±0.13	0.54±0.14	0.51±0.16	0.58±0.13
丰富度 d	0.95±0.38	1.38±0.41	0.85±0.33	0.61±0.21	0.95±0.47
单纯度 C	0.42±0.12	0.47±0.14	0.54±0.20	0.58±0.24	0.50±0.17

二、浮游动物多样性季节变化特征

（1）春季　春季多样性指数 H' 均值为 1.78±0.51，均匀度 J' 均值为 0.63±0.11，丰富度 d 均值为 0.95±0.38，单纯度 C 均值为 0.42±0.12。总体来说，春季调查水域的多样性指数较高，均匀度、丰富度大，单纯度小，种间比例较均匀。

（2）夏季　夏季多样性指数 H' 均值为 1.48±0.42，均匀度 J' 均值为 0.63±0.13，丰富度 d 均值为 1.38±0.41，单纯度 C 均值为 0.47±0.14。夏季调查水域浮游动物种间分布较均匀。

（3）秋季　秋季多样性指数 H' 均值为 1.41±0.58，均匀度 J' 均值为 0.54±0.14，丰富度 d 均值为 0.85±0.33，单纯度 C 均值为 0.54±0.20。秋季调查水域的多样性指数较高，种间分布较均匀。

（4）冬季　冬季多样性指数 H' 均值为 1.18±0.43，均匀度 J' 均值为 0.51±0.16，丰富度 d 均值为 0.61±0.21，单纯度 C 均值为 0.58±0.24。冬季多样性指数、丰富度和均匀度指标与其他三季相比均为最低，而单纯度最高，表明冬季调查水域浮游动物种间分布极不均匀，优势种突出，群落结构不稳定，反映出本监测水域冬季环境不利浮游动物生长。

三、浮游动物多样性年度变化特征

从 2004—2005 年度 4 个航次的调查来看，调查水域浮游动物多样性指数 H' 均值为 1.28，均匀度 J' 均值为 0.55，丰富度 d 均值为 0.81，单纯度 C 均值为 0.54。从不同季节来看，春季航次调查水域涨落潮浮游动物多样性指数 H' 均值分别为 1.53 和 1.65，均匀度 J' 均值都为 0.59，丰富度 d 均值分别为 0.97 和 0.95，单纯度 C 均值分别为 0.44 和 0.48。夏季航次调查水域涨落潮浮游动物多样性指数 H' 均值分别为 1.17 和 1.12，均匀度 J' 均值分别为 0.64 和 0.58，丰富度 d 均值分别为 1.09 和 0.97，单纯度 C 均值分别为 0.57 和 0.44。秋季航次调查水域涨落潮浮游动物多样性指数 H' 均值分别为 1.66 和

1.58，均匀度 J' 均值分别为 0.65 和 0.54，丰富度 d 均值分别为 0.98 和 0.78，单纯度 C 均值分别为 0.45 和 0.49。冬季航次调查水域涨落潮浮游动物多样性指数 H' 均值分别为 0.81 和 0.74，均匀度 J' 均值分别为 0.40 和 0.39，丰富度 d 均值分别为 0.41 和 0.36，单纯度 C 均值分别为 0.70 和 0.73（表 4-7）。

表 4-7　长江口浮游动物不同年度调查多样性指数比较分析

| 调查年度 | 指标 | 春季 | | 夏季 | | 秋季 | | 冬季 | | 平均 |
		涨潮	落潮	涨潮	落潮	涨潮	落潮	涨潮	落潮	
2004—2005 年度	多样性指数 H'	1.53	1.65	1.17	1.12	1.66	1.58	0.81	0.74	1.28
	均匀度 J'	0.59	0.59	0.64	0.58	0.65	0.54	0.40	0.39	0.55
	丰富度 d	0.97	0.95	1.09	0.97	0.98	0.78	0.41	0.36	0.81
	单纯度 C	0.44	0.48	0.57	0.44	0.45	0.49	0.70	0.73	0.54
2005—2006 年度	多样性指数 H'	1.92	2.12	2.05	1.75	1.03	1.24	1.22	1.32	1.58
	均匀度 J'	0.70	0.75	0.78	0.69	0.42	0.52	0.51	0.56	0.62
	丰富度 d	0.92	0.94	2.21	1.50	0.64	0.76	0.62	0.58	1.02
	单纯度 C	0.36	0.31	0.32	0.42	0.66	0.58	0.58	0.54	0.47
2007—2008 年度	多样性指数 H'	1.76	1.67	1.15	1.66	1.54	1.38	1.26	1.70	1.52
	均匀度 J'	0.60	0.55	0.45	0.61	0.52	0.59	0.56	0.66	0.57
	丰富度 d	0.97	0.97	1.13	1.37	1.07	0.89	0.73	0.98	1.01
	单纯度 C	0.43	0.47	0.57	0.47	0.53	0.53	0.48	0.44	0.49

　　从 2005—2006 年度 4 个航次的调查来看，调查水域浮游动物多样性指数 H' 均值为 1.58，均匀度 J' 均值为 0.62，丰富度 d 均值为 1.02，单纯度 C 均值为 0.47。从不同季节来看，春季航次调查水域涨落潮浮游动物多样性指数 H' 均值分别为 1.92 和 2.12，均匀度 J' 均值分别为 0.70 和 0.75，丰富度 d 均值分别为 0.92 和 0.94，单纯度 C 均值分别为 0.36 和 0.31。夏季航次调查水域涨落潮浮游动物多样性指数 H' 均值分别为 2.05 和 1.75，均匀度 J' 均值分别为 0.78 和 0.69，丰富度 d 均值分别为 2.21 和 1.50，单纯度 C 均值分别为 0.32 和 0.42。秋季航次调查水域涨落潮浮游动物多样性指数 H' 均值分别为 1.03 和 1.24，均匀度 J' 均值分别为 0.42 和 0.52，丰富度 d 均值分别为 0.64 和 0.76，单纯度 C 均值分别为 0.66 和 0.58。冬季航次调查水域涨落潮浮游动物多样性指数 H' 均值分别为 1.22 和 1.32，均匀度 J' 均值分别为 0.51 和 0.56，丰富度 d 均值分别为 0.62 和 0.58，单纯度 C 均值分别为 0.58 和 0.54（表 4-7）。

　　从 2007—2008 年度 4 个航次的调查来看，调查水域浮游动物多样性指数 H' 均值为 1.52，均匀度 J' 均值为 0.57，丰富度 d 均值为 1.01，单纯度 C 均值为 0.49。从不同季节来看，春季航次调查水域涨落潮浮游动物多样性指数 H' 均值分别为 1.76 和 1.67，均匀度 J' 均值分别为 0.60 和 0.55，丰富度 d 均值都为 0.97，单纯度 C 均值分别为 0.43 和 0.47。夏季航次调查水域涨落潮浮游动物多样性指数 H' 均值分别为 1.15 和 1.66，均匀

度 J' 均值分别为 0.45 和 0.61，丰富度 d 均值分别为 1.13 和 1.37，单纯度 C 均值分别为 0.57 和 0.47。秋季航次调查水域涨落潮浮游动物多样性指数 H' 均值分别为 1.54 和 1.38，均匀度 J' 均值分别为 0.52 和 0.59，丰富度 d 均值分别为 1.07 和 0.89，单纯度 C 均值都为 0.53。冬季航次调查水域涨落潮浮游动物多样性指数 H' 均值分别为 1.26 和 1.70，均匀度 J' 均值分别为 0.56 和 0.66，丰富度 d 均值分别为 0.73 和 0.98，单纯度 C 均值分别为 0.48 和 0.44（表 4-7）。

总的来说，2004—2005 年度、2005—2006 年度以及 2007—2008 年度多样性各类指标变化趋势各不相同。2005—2006 年度调查水域浮游动物多样性指数 H' 均值最高，2004—2005 年度最低；三个年度调查水域浮游动物均匀度 J' 均值相差不大；三个年度调查水域浮游动物丰富度 d 均值与多样性指数 H' 类似，2005—2006 年度最高，2004—2005 年度最低；三个年度调查水域浮游动物单纯度 C 均值也相差不大（图 4-21）。

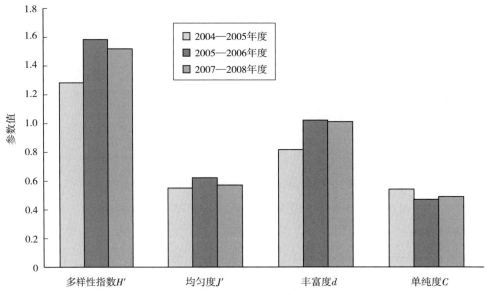

图 4-21　长江口调查水域浮游动物不同年度多样性参数变化趋势

第五章
长江口水域浮游生物基本特征与环境因子的关系

第一节 浮游植物基本特征与环境因子的关系

一、分析方法

用 Canoco 4.5 软件首先对所有 12 个航次浮游植物优势种（每个航次优势种 2 个以上）的种类丰富度数据进行去趋势对应分析（DCA），在所得的各特征值部分发现 4 个排序轴中梯度最大值均小于 3，以此为依据选择线性模型中的约束性排序方法中的冗余分析（redundancy analysis，RDA）模型对浮游植物优势种的种类丰富度与 15 种主要水环境因子（水温、盐度、酸碱度、溶解氧、化学耗氧量、无机氮、磷酸盐、硅酸盐、挥发性酚以及重金属）进行相关分析（蒙特卡洛排序检验，$P < 0.05$ 的环境因子进行 RDA 分析）（表 5-1），从而得到的种类丰度（箭头）、环境因子（箭头）和采样站位（圆圈）的 RDA 三维降序图。

表 5-1 RDA 分析物种和环境因子

种名	学名	缩写	因子名称	缩写
中肋骨条藻	*Skeletonema costatum*	SCO	水温	T
虹彩圆筛藻	*Coscinodiscus oculus-iridis*	COC	盐度	S
琼氏圆筛藻	*Coscinodiscus jonesianus*	CJO	酸碱度	pH
蛇目圆筛藻	*Coscinodiscus argus*	CAR	溶解氧	DO
有棘圆筛藻	*Coscinodiscus spinosus*	CSP	化学耗氧量	COD
颗粒直链藻	*Melosira granulata*	MGR	无机氮	DIN
朱吉直链藻	*Melosira juergensi*	MJU	磷酸盐	PO_4^{3-}
翼根管藻	*Rhizosolenia alata*	RAL	硅酸盐	SiO_3^{2-}
布氏双尾藻	*Ditylum brightwellii*	DBR	挥发性酚	VF
线形舟形藻	*Navicula graciloides*	NGR	铜	Cu
美丽星杆藻	*Asterionella formosa*	AFO	锌	Zn
尖刺伪菱形藻	*Pseudo-nitzschia pungens*	PPU	铅	Pb
脆杆藻属未定种	*Fragilaria* sp.	FSP	镉	Cd
盘星藻属未定种	*Pediastrum* sp.	PSP	汞	Hg
			砷	As

二、优势种与环境因子的相关性

（一）2004—2005 年度

2004 年 5 月的春季航次中，选择了中肋骨条藻与环境因子进行了 RDA 分析。在涨潮航次调查中，经蒙特卡洛排序检验（$P<0.05$）与藻类丰度显著相关的环境因子为温度，进行 RDA 分析结果见图 5-1，前两个排序轴的特征值分别为 0.402 和 0.598，环境因子与物种排序轴之间的相关系数分别为 1.0 和 -1.5。物种第一排序轴与温度成负相关，中肋骨条藻丰度与温度成正相关。

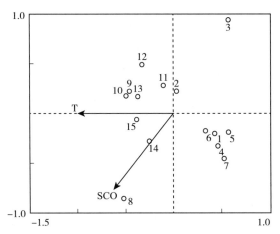

图 5-1 长江口调查水域 2004 年 5 月主要优势种与环境因子三维降序图

2004 年 8 月的夏季航次中，选择了中肋骨条藻与环境因子进行了 RDA 分析。在涨潮航次调查中，经蒙特卡洛排序检验（$P<0.05$）与藻类丰度显著相关的环境因子为盐度，进行 RDA 分析结果见图 5-2（A），前两个排序轴的特征值分别为 0.405 和 0.595，环境因子与物种排序轴之间的相关系数分别为 1.5 和 -1.0。物种第一排序轴与盐度成正相关，中肋骨条藻丰度与盐度成负相关，在盐度较低的北港北沙（14、15 号站）丰度较高。在落潮航次调查中，经蒙特卡洛排序检验（$P<0.05$）与藻类丰度显著相关的环境因子为挥发性酚，进行 RDA 分析结果见图 5-2（B），前两个排序轴的特征值分别为 0.338 和 0.662，环境因子与物种排序轴之间的相关系数分别为 1.2 和 -0.4。物种第一排序轴与挥发性酚成正相关。

2004 年 11 月的秋季航次中，选择了中肋骨条藻与环境因子进行了 RDA 分析。在涨潮航次调查中，经蒙特卡洛排序检验（$P<0.05$）与藻类丰度显著相关的环境因子为铜，进行 RDA 分析结果见图 5-3（A），前两个排序轴的特征值分别为 0.284 和 0.716，环境因子与物种排序轴之间的相关系数分别为 1.2 和 -0.6。物种第一排序轴与铜成正相关，

中肋骨条藻丰度与铜成正相关。在落潮航次调查中，经蒙特卡洛排序检验（$P<0.05$）与藻类丰度显著相关的环境因子为盐度和磷酸盐，进行 RDA 分析结果见图 5-3（B），前两个排序轴的特征值分别为 0.552 和 0.448，环境因子与物种排序轴之间的相关系数分别为 0.8 和－0.8。物种第一排序轴与盐度成正相关，中肋骨条藻丰度与盐度成负相关；物种第二排序轴与磷酸盐成正相关，中肋骨条藻丰度与磷酸盐成正相关，在盐度较低、磷酸盐较高的南支北港（8、9 号站）和北港北沙（11、14 号站）丰度较高。

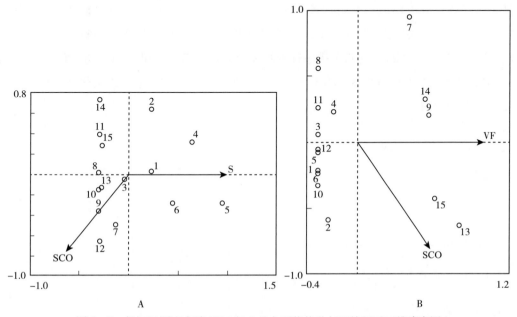

图 5-2　长江口调查水域 2004 年 8 月主要优势种与环境因子三维降序图

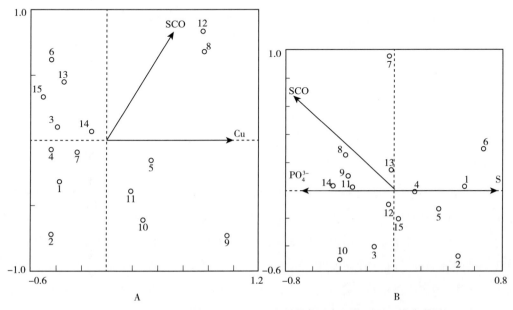

图 5-3　长江口调查水域 2004 年 11 月主要优势种与环境因子三维降序图

（二）2005—2006 年度

2005 年 8 月的夏季航次中，选择了中肋骨条藻与环境因子进行了 RDA 分析。在涨潮航次调查中，经蒙特卡洛排序检验（$P<0.05$）与藻类丰度显著相关的环境因子为 pH 和挥发性酚，进行 RDA 分析结果见图 5-4（A），前两个排序轴的特征值分别为 0.657 和 0.343，环境因子与物种排序轴之间的相关系数分别为 1.0 和−1.0。物种第二排序轴与 pH 和挥发性酚成正相关，中肋骨条藻丰度与 pH 和挥发性酚成正相关。落潮航次调查中，经蒙特卡洛排序检验（$P<0.05$）与藻类丰度显著相关的环境因子为 pH，进行 RDA 分析结果见图 5-4（B），前两个排序轴的特征值分别为 0.285 和 0.715，环境因子与物种排序轴之间的相关系数分别为 1.0 和−1.5。物种第二排序轴与 pH 成正相关，中肋骨条藻丰度与 pH 成正相关。

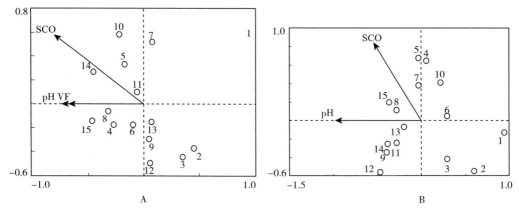

图 5-4　长江口调查水域 2005 年 8 月主要优势种与环境因子三维降序图

2005 年 11 月的秋季航次中，选择了中肋骨条藻和颗粒直链藻与环境因子进行了 RDA 分析。在落潮航次调查中，经蒙特卡洛排序检验（$P<0.05$）与藻类丰度显著相关的环境因子为铅，进行 RDA 分析结果见图 5-5，前两个排序轴的特征值分别为 0.384 和 0.423，环境因子与物种排序轴之间的相关系数分别为 1.2 和−0.4。物种第一排序轴与铅成正相关，颗粒直链藻与铅成正相关，而中肋骨条藻丰度与铅成负相关。

2006 年 2 月的冬季航次中，选择了中肋骨条藻、虹彩圆筛藻、蛇目圆筛藻和颗粒直链藻这 4 种优势种与环境因子进行了 RDA 分析。在涨潮航次调查中，经蒙特卡洛排序检验（$P<0.05$）与藻类丰度显著相关的环境因子为磷酸盐，进行 RDA 分析结果见图 5-6，前两个排序轴的特征值分别为 0.244 和 0.669，环境因子与物种排序轴之间的相关系数分别为 1.2 和−0.6。物种第一排序轴与磷酸盐成正相关，颗粒直链藻和中肋骨条藻丰度与磷酸盐成正相关。

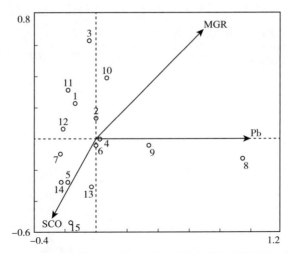

图 5-5　长江口调查水域 2005 年 11 月主要优势种与环境因子三维降序图

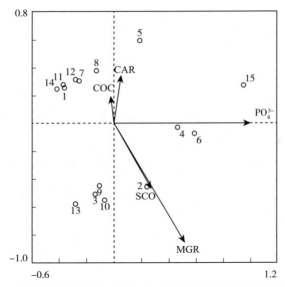

图 5-6　长江口调查水域 2006 年 2 月主要优势种与环境因子三维降序图

　　2006 年 5 月的春季航次中选择了中肋骨条藻、虹彩圆筛藻、琼氏圆筛藻和颗粒直链藻这 4 种优势种与环境因子进行了 RDA 分析。在涨潮航次调查中，经蒙特卡洛排序检验（$P<0.05$）与藻类丰度显著相关的环境因子为溶解氧和 Pb，进行 RDA 分析结果见图 5-7（A），前两个排序轴的特征值分别为 0.441 和 0.022，环境因子与物种排序轴之间的相关系数分别为 1.0 和－1.0。物种第一排序轴与 Pb 成正相关，物种第二排序轴与溶解氧成正相关，中肋骨条藻、虹彩圆筛藻、琼氏圆筛藻与溶解氧成正相关。在落潮航次调查中，经蒙特卡洛排序检验（$P<0.05$）与藻类丰度显著相关的环境因子为铜，进行 RDA 分析结果见图 5-7（B），前两个排序轴的特征值分别为 0.158 和 0.420，环境因子

与物种排序轴之间的相关系数分别为 1.5 和－1.0。物种第一排序轴与铜成正相关,虹彩圆筛藻、琼氏圆筛藻与铜成负相关。

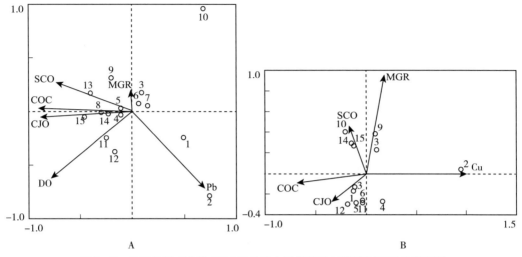

图 5-7　长江口调查水域 2006 年 5 月主要优势种与环境因子三维降序图

(三) 2007—2008 年度

2007 年 8 月的夏季航次中,选择了尖刺伪菱形藻、中肋骨条藻和颗粒直链藻这 3 种优势种与环境因子进行了 RDA 分析。在涨潮航次调查中,经蒙特卡洛排序检验 ($P<0.05$) 与藻类丰度显著相关的环境因子为溶解氧、温度和铜,进行 RDA 分析结果见图 5-8,前两个排序轴的特征值分别为 0.473 和 0.183,环境因子与物种排序轴之间的相关系数分别为 1.0 和－1.0。物种第二排序轴与溶解氧和铜成正相关,颗粒直链藻与溶解氧、温度和铜成正相关,中肋骨条藻、尖刺伪菱形藻与溶解氧成负相关。

2008 年 2 月的冬季航次中,选择了中肋骨条藻和颗粒直链藻这两种优势种与环境因子进行了 RDA 分析。在落潮航次调查中,经蒙特卡洛排序检验 ($P<0.05$) 与藻类丰度显著相关的环境因子为铅和汞,进行 RDA 分析结果见图 5-9,前两个排序轴的特征值分别为 0.680 和 0.001,环境因子与物种排序轴之间的相关系数分别为 1.0 和－1.0。物种第一排序轴与铅和汞成正相关,中肋骨条藻与汞成正相关。

2008 年 5 月的春季航次中,选择了中肋骨条藻与环境因子进行了 RDA 分析。在涨潮航次调查中,经蒙特卡洛排序检验 ($P<0.05$) 与藻类丰度显著相关的环境因子为化学耗氧量,进行 RDA 分析结果见图 5-10 (A),前两个排序轴的特征值分别为 0.576 和 0.424,环境因子与物种排序轴之间的相关系数分别为 1.2 和－0.6。物种第一排序轴与化学耗氧量成正相关,中肋骨条藻与化学耗氧量成正相关。在落潮航次调查中,经蒙特卡洛排序检验 ($P<0.05$) 与藻类丰度显著相关的环境因子为化学耗氧量,进行 RDA 分析

结果见图 5-10 (B)，前两个排序轴的特征值分别为 0.333 和 0.667，环境因子与物种排序轴之间的相关系数分别为 1.5 和 -1.0。物种第一排序轴与化学耗氧量成正相关，中肋骨条藻与化学耗氧量成正相关。

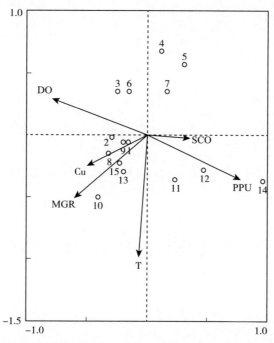

图 5-8　长江口调查水域 2007 年 8 月主要优势种与环境因子三维降序图

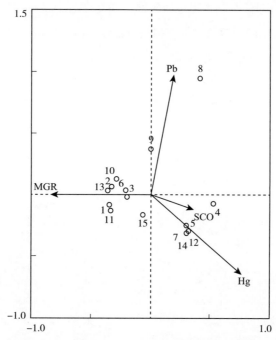

图 5-9　长江口调查水域 2008 年 2 月主要优势种与环境因子三维降序图

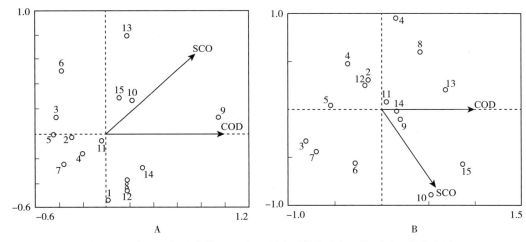

图 5-10　长江口调查水域 2008 年 5 月主要优势种与环境因子三维降序图

第二节　浮游动物基本特征与环境因子的关系

一、分析方法

用 Canoco 4.5 软件对浮游动物优势种的种类丰富度与 15 种主要水环境因子（表 5-2）进行相关分析（分析方法同浮游植物章节相关内容），从而得到的种类丰度（箭头）、环境因子（箭头）和采样站位（圆圈）的 RDA 三维降序图。

表 5-2　RDA 分析物种和环境因子

种名	学名	缩写	因子名称	缩写
中华哲水蚤	*Calanus sinicus*	CSI	水温	T
细巧华哲水蚤	*Sinocalanus tenellus*	STE	盐度	S
中华华哲水蚤	*Sinocalanus sinensis*	SSI	酸碱度	pH
小拟哲水蚤	*Paracalanus parvus*	PPA	溶解氧	DO
针刺拟哲水蚤	*Paracalanus aculeatus*	PAC	化学耗氧量	COD
中华胸刺水蚤	*Centropages sinensis*	CSN	无机氮	DIN
太平洋纺锤水蚤	*Acartia pacifica*	APA	磷酸盐	PO_4^{3-}
双毛纺锤水蚤	*Acartia bifilosa*	ABI	硅酸盐	SiO_3^{2-}
火腿许水蚤	*Schmackeria poplesia*	SPO	挥发性酚	VF
真刺唇角水蚤	*Labidocera euchaeta*	LEU	铜	Cu
虫肢歪水蚤	*Tortanus vermiculus*	TVE	锌	Zn

（续）

种名	学名	缩写	因子名称	缩写
英勇剑水蚤	*Cyclops strenuus*	CST	铅	Pb
近邻剑水蚤	*Cyclops vicinus*	CVI	镉	Cd
广布中剑水蚤	*Mesocyclops heuckarti*	MHE	汞	Hg
双生水母	*Diphyes chamissonis*	DCH	砷	As
长额刺糠虾	*Acanthomysis longirostris*	ALO		
卵圆涟虫	*Bodotria ovalis*	BOV		
江湖独眼钩虾	*Monoculodes limnophilus*	MLI		
短尾类溞状幼体	*Brachyura zoea*	BZO		

二、优势种与环境因子的相关性

（一）2004—2005 年度

2004 年 8 月的夏季航次中，选择了火腿许水蚤、虫肢歪水蚤和太平洋纺锤水蚤这 3 种优势种与环境因子进行了 RDA 分析。在落潮航次调查中，经蒙特卡洛排序检验（$P<$ 0.05）与浮游动物丰度显著相关的环境因子为铜，进行 RDA 分析结果见图 5-11，前两个排序轴的特征值分别为 0.324 和 0.536，环境因子与物种排序轴之间的相关系数分别为 1.2 和－0.4。物种第一排序轴与铜成正相关，火腿许水蚤、虫肢歪水蚤和太平洋纺锤水蚤这 3 种优势种与铜成正相关。

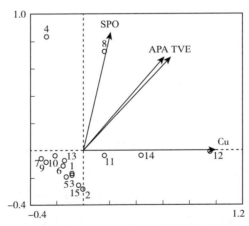

图 5-11 长江口调查水域 2004 年 8 月主要优势种与环境因子三维降序图

2004 年 11 月的秋季航次中，选择了真刺唇角水蚤、针刺拟哲水蚤、小拟哲水蚤、中华哲水蚤和中华华哲水蚤这几种优势种与环境因子进行了 RDA 分析。在涨潮航次调查中，经蒙特卡洛排序检验（$P<0.05$）与浮游动物丰度显著相关的环境因子为温度，进行

RDA 分析结果见图 5 - 12 （A），前两个排序轴的特征值分别为 0.263 和 0.473，环境因子与物种排序轴之间的相关系数分别为 1.5 和－1.0。物种第一排序轴与温度成正相关，真刺唇角水蚤、针刺拟哲水蚤、小拟哲水蚤、中华哲水蚤这几种优势种与温度成正相关。在落潮航次调查中，经蒙特卡洛排序检验（$P<0.05$）与浮游动物丰度显著相关的环境因子为溶解氧和无机氮，进行 RDA 分析结果见图 5 - 12 （B），前两个排序轴的特征值分别为 0.305 和 0.086，环境因子与物种排序轴之间的相关系数分别为 0.8 和－1.0。物种第一排序轴与溶解氧成正相关，真刺唇角水蚤、针刺拟哲水蚤、小拟哲水蚤、中华哲水蚤这几种优势种与溶解氧成正相关，物种第二排序轴与无机氮成正相关，中华华哲水蚤与无机氮成正相关。

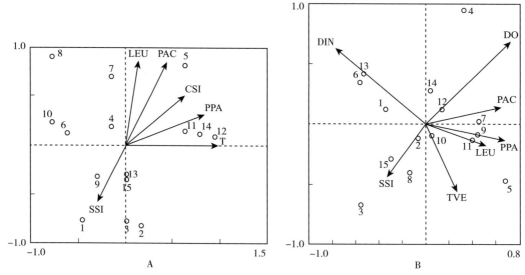

图 5 - 12　长江口调查水域 2004 年 11 月主要优势种与环境因子三维降序图

（二）2005—2006 年度

2005 年 11 月的秋季航次中，选择了真刺唇角水蚤、针刺拟哲水蚤、小拟哲水蚤、虫肢歪水蚤、中华哲水蚤和中华华哲水蚤这几种优势种与环境因子进行了 RDA 分析。在涨潮航次调查中，经蒙特卡洛排序检验（$P<0.05$）与浮游动物丰度显著相关的环境因子为砷和汞，进行 RDA 分析结果见图 5 - 13 （A），前两个排序轴的特征值分别为 0.349 和 0.013，环境因子与物种排序轴之间的相关系数分别为 1.0 和－1.0。物种第一排序轴与砷和汞成正相关，真刺唇角水蚤、针刺拟哲水蚤、小拟哲水蚤、中华哲水蚤这几种优势种与砷和汞成正相关。在落潮航次调查中，经蒙特卡洛排序检验（$P<0.05$）与浮游动物丰度显著相关的环境因子为汞，进行 RDA 分析结果见图 5 - 13 （B），前两个排序轴的特征值分别为 0.276 和 0.410，环境因子与物种排序轴之间的相关系数分别为 1.2 和－0.6。物种第一排序轴

与汞成正相关，针刺拟哲水蚤、小拟哲水蚤、虫肢歪水蚤这几种优势种与汞成正相关。

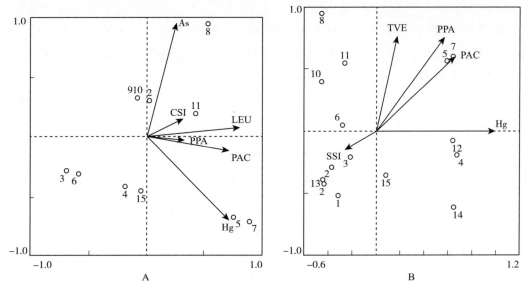

图 5-13 长江口调查水域 2005 年 11 月主要优势种与环境因子三维降序图

2006 年 2 月的冬季航次中，选择了细巧华哲水蚤、中华华哲水蚤和近邻剑水蚤这 3 种优势种与环境因子进行了 RDA 分析。在涨潮航次调查中，经蒙特卡洛排序检验（$P <$ 0.05）与浮游动物丰度显著相关的环境因子为 pH、无机氮和硅酸盐，进行 RDA 分析结果见图 5-14，前两个排序轴的特征值分别为 0.416 和 0.188，环境因子与物种排序轴之间的相关系数分别为 1.0 和 -1.0。物种第一排序轴与硅酸盐和无机氮成正相关，细巧华哲水蚤与无机氮成正相关。

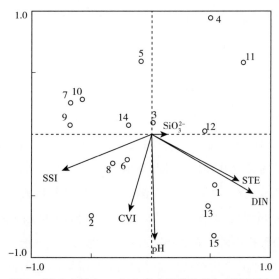

图 5-14 长江口调查水域 2006 年 2 月主要优势种与环境因子三维降序图

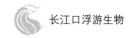

（三）2007—2008 年度

2007 年 8 月的夏季航次中选择了火腿许水蚤、虫肢歪水蚤、真刺唇角水蚤、双生水母和太平洋纺锤水蚤这几种优势种与环境因子进行了 RDA 分析。在落潮航次调查中，经蒙特卡洛排序检验（$P<0.05$）与浮游动物丰度显著相关的环境因子为铜，进行 RDA 分析结果见图 5-15，前两个排序轴的特征值分别为 0.215 和 0.416，环境因子与物种排序轴之间的相关系数分别为 1.5 和-1.0。物种第一排序轴与铜成正相关，火腿许水蚤、虫肢歪水蚤与铜成正相关。

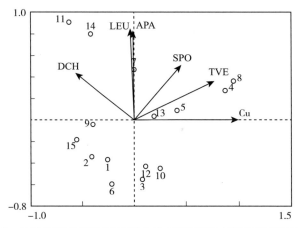

图 5-15　长江口调查水域 2007 年 8 月主要优势种与环境因子三维降序图

2007 年 11 月的秋季航次中选择了火腿许水蚤、虫肢歪水蚤、真刺唇角水蚤和中华华哲水蚤这几种优势种与环境因子进行了 RDA 分析。在落潮航次调查中，经蒙特卡洛排序检验（$P<0.05$）与浮游动物丰度显著相关的环境因子为无机氮、硅酸盐和挥发性酚，进行 RDA 分析结果见图 5-16，前两个排序轴的特征值分别为 0.460 和 0.059，环境因子与物种排序轴之间的相关系数分别为 1.0 和-1.0。物种第一排序轴与挥发性酚和无机氮成正相关，火腿许水蚤与挥发性酚和无机氮成正相关，物种第二排序轴与硅酸盐成正相关，虫肢歪水蚤、真刺唇角水蚤和中华华哲水蚤与硅酸盐成正相关。

2008 年 5 月的春季航次中，选择了短尾类溞状幼体、火腿许水蚤、虫肢歪水蚤、真刺唇角水蚤和中华华哲水蚤这几种优势种与环境因子进行了 RDA 分析。在落潮航次调查中，经蒙特卡洛排序检验（$P<0.05$）与浮游动物丰度显著相关的环境因子为铅、镉和硅酸盐，进行 RDA 分析结果见图 5-17，前两个排序轴的特征值分别为 0.290 和 0.106，环境因子与物种排序轴之间的相关系数分别为 1.0 和-0.8。物种第一排序轴与铅和镉成正相关，物种第二排序轴与硅酸盐成正相关，短尾类溞状幼体、火腿许水蚤、虫肢歪水蚤、真刺唇角水蚤和中华华哲水蚤这几种优势种与铅和镉成正相关，与

硅酸盐成负相关。

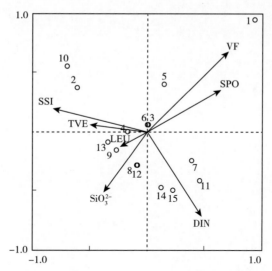

图 5-16　长江口调查水域 2007 年 11 月主要优势种与环境因子三维降序图

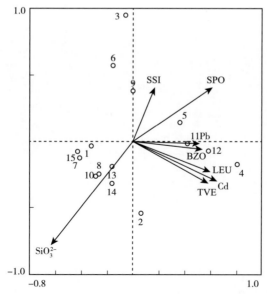

图 5-17　长江口调查水域 2008 年 5 月主要优势种与环境因子三维降序图

附　录

附录一　浮游植物种名录

序号	中文名	学名	春季	夏季	秋季	冬季
蓝藻						
1	铜绿微囊藻	*Microcystis aeruginosa*	+	+	+	+
2	微囊藻属未定种	*Microcystis* sp.	+	+	/	+
3	美丽隐球藻	*Aphanocapsa pulchre*	/	+	/	/
4	色球藻属未定种	*Chroococcus* sp.	/	+	/	/
5	优美平裂藻	*Merisnopedia elegans*	/	+	+	/
6	螺旋藻属未定种	*Spirulina* sp.	+	+	+	+
7	念珠藻属未定种	*Nostoc* sp.				
8	颤藻属未定种	*Oscillatoria* sp.	+	+	+	+
9	席藻属未定种	*Phormidium* sp.	+	/	/	/
10	鞘丝藻属未定种	*Lyngbya* sp.		+	/	
11	鱼腥藻属未定种	*Anabaena* sp.	+	+	+	+
12	卷曲鱼腥藻	*Anabaena circinalis*	/	/	/	+
13	腔球藻属未定种	*Coelosphaerium* sp.	/	/	/	/
14	囊球藻	*Cystosphaera jaequinotii*	/	/	/	+
硅藻						
15	颗粒直链藻	*Melosira granulata*	+	+	+	+
16	朱吉直链藻	*Melosira juergensi*	+	+	+	+
17	念珠直链藻	*Melosira moniiformis*	+	/	+	+
18	具槽直链藻	*Melosira sulcata*	+	+	+	+
19	变异直链藻	*Melosira varians*	/	+	+	+
20	意大利直链藻	*Melosira italica*	/	/	/	+
21	范氏圆箱藻	*Pyxidicula weyprechtii*	/	/	+	+
22	小环毛藻	*Corethron hystrix*	+	+	+	+
23	中肋骨条藻	*Skeletonema costatum*	+	+	+	+
24	优美施罗藻	*Schroederella delicatula*	+	+	+	+
25	透明辐杆藻	*Bacteriastrum hyalinum*	/	+	/	+
26	诺氏海链藻	*Thalassiosira nordenskioldi*	+	+	+	+
27	圆海链藻	*Thalassiosira rotula*	+	+	+	+
28	细弱海链藻	*Thalassiosira subtilis*	+	+	+	/
29	海链藻属未定种	*Thalassiosira* sp.	+	+	+	+
30	北方劳德藻	*Lauderia borealis*	+	+	+	+
31	丹麦细柱藻	*Leptocylindrus danicus*	+	+	+	+
32	扭曲小环藻疏辐变种	*Cyclotella comta* var. *oligactis*	+	/	/	+
33	星条小环藻	*Cyclotella stelligera*			+	+
34	小环藻属未定种	*Cyclotella* sp.	+	+	+	+

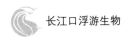
（续）

序号	中文名	学名	春季	夏季	秋季	冬季
35	扭曲小环藻	*Cyclotella comta*	+	+	+	+
36	蛇目圆筛藻	*Coscinodiscus argus*	+	+	+	+
37	星脐圆筛藻	*Coscinodiscus asteromphalus*	+	+	+	+
38	有翼圆筛藻	*Coscinodiscus bipartitus*	+	/	+	+
39	中心圆筛藻	*Coscinodiscus centralis*	+	/	/	+
40	弓束圆筛藻	*Coscinodiscus curvatulus*	/	+	/	+
41	弓束圆筛藻小形变种	*Coscinodiscus curvatulus* var. *minor*	/	+	+	+
42	巨圆筛藻	*Coscinodiscus gigas*	/	+	+	/
43	强氏圆筛藻	*Coscinodiscus janischii*	/	+	+	+
44	琼氏圆筛藻	*Coscinodiscus jonesianus*	+	+	+	+
45	线形圆筛藻	*Coscinodiscus lineatus*	+	+	+	+
46	具边圆筛藻	*Coscinodiscus marginatus*	+	+	/	/
47	小眼圆筛藻	*Coscinodiscus oculatus*	+	+	+	+
48	虹彩圆筛藻	*Coscinodiscus oculus-iridis*	+	+	+	+
49	辐射圆筛藻	*Coscinodiscus radiatus*	/	+	+	+
50	有棘圆筛藻	*Coscinodiscus spinosus*	+	+	+	+
51	细弱圆筛藻	*Coscinodiscus subtilis*	/	/	+	+
52	苏氏圆筛藻	*Coscinodiscus thorii*	+	+	+	+
53	威氏圆筛藻	*Coscinodiscus wailesii*	/	+	+	+
54	圆筛藻属未定种	*Coscinodiscus* sp.	/	+	+	+
55	华美辐裥藻	*Actinoptychus splendens*	/	+	/	+
56	三舌辐裥藻	*Actinoptychus trlingulatus*	/	+	+	+
57	波状辐裥藻	*Actinoptychus undulatus*	/	/	+	/
58	辐裥藻属未定种	*Actinoptychus* sp.	/	+	+	+
59	蛛网藻	*Arachnoidiscus ehrenbergii*	/	/	/	+
60	斑盘藻属未定种	*Stictodiscus* sp.	/	+	+	+
61	美丽星脐藻	*Asteromphalus elegans*	/	/	/	+
62	布氏双尾藻	*Ditylum brightwellii*	+	+	+	+
63	锤状中鼓藻	*Bellerochea malleus*	/	+	+	+
64	蜂窝三角藻	*Triceratium favus*	+	+	+	+
65	平角盒形藻	*Biddulphia longicrusis*	/	+	+	/
66	活动盒形藻	*Biddulphia mobiliensis*	+	+	+	+
67	钝头盒形藻	*Biddulphia obtusa*	+	+	+	+
68	高盒形藻	*Biddulphia regia*	/	/	+	+
69	中华盒形藻	*Biddulphia sinensis*	+	+	+	+
70	盒形藻属未定种	*Biddulphia* sp.	/	+	/	/

（续）

序号	中文名	学名	春季	夏季	秋季	冬季
71	短角弯角藻	*Eucampia zoodiacus*	/	+	/	/
72	扭鞘藻	*Streptothece thamesis*	+	+	+	+
73	窄隙角毛藻	*Chaetoceros affinis*	+	+	+	/
74	北方角毛藻	*Chaetoceros borealis*	/	+	+	/
75	卡氏角毛藻	*Chaetoceros castracanei*	/	+	+	+
76	旋链角毛藻	*Chaetoceros curvisetus*	+	+	+	/
77	丹麦角毛藻	*Chaetoceros danicus*	/	/	+	/
78	柔弱角毛藻	*Chaetoceros debilis*	/	/	/	+
79	密连角毛藻	*Chaetoceros densus*	+	/	/	/
80	齿角毛藻	*Chaetoceros denticulatus*	/	+	/	/
81	爱氏角毛藻	*Chaetoceros eibenii*	/	+	/	/
82	垂缘角毛藻	*Chaetoceros laciniosus*	+	+	/	/
83	洛氏角毛藻	*Chaetoceros lorenzianus*	+	+	+	+
84	聚生角毛藻	*Chaetoceros socialis*	+	/	/	/
85	冕孢角毛藻	*Chaetoceros subsecundus*	+	/	/	/
86	圆柱角毛藻	*Chaetoceros teres*	/	+	/	+
87	角毛藻属未定种	*Chaetoceros* sp.	/	+	+	+
88	翼根管藻	*Rhizosolenia alata*	/	+	/	/
89	翼根管藻印度变种	*Rhizosolenia alata* f. *indica*	/	/	/	+
90	粗刺根管藻	*Rhizosolenia crassospina*	+	+	/	+
91	脆根管藻	*Rhizosolenia fragilissima*	/	/	/	+
92	粗根管藻	*Rhizosolenia robusta*	/	/	/	+
93	刚毛根管藻	*Rhizosolenia setigera*	+	/	/	/
94	笔尖形根管藻	*Rhizosolenia styliformis*	/	+	+	+
95	翼茧形藻	*Amphiprora alata*	/	/	+	/
96	美丽斜纹藻	*Pleurosigma formosum*	+	/	/	+
97	海洋斜纹藻	*Pleurosigma pelagicum*	/	/	/	+
98	斜纹藻属未定种	*Pleurosigma* sp.	+	+	+	+
99	尖布纹藻	*Gyrosigma acuminatum*	/	/	+	/
100	波罗的海布纹藻	*Gyrosigma balticum*	/	+	+	+
101	布纹藻属未定种	*Gyrosigma* sp.	+	+	+	+
102	橙红双肋藻	*Amphipleura rutilans*	+	/	/	/
103	双肋藻属未定种	*Amphipleura* sp.	+	/	/	/
104	肋缝藻属未定种	*Frustulia* sp.	+	+	+	+
105	胸隔藻属未定种	*Mastogloia* sp.	/	/	+	/
106	施氏双壁藻	*Diploneis schmidtii*	/	/	+	/

（续）

序号	中文名	学名	春季	夏季	秋季	冬季
107	双壁藻属未定种	*Diploneis* sp.	/	+	/	/
108	大羽纹藻	*Pinnularia major*	/	/	+	+
109	羽纹藻属未定种	*Pinnularia* sp.	+	+	/	+
110	霍氏舟形藻	*Navicula hochstetteri*	/	+	/	/
111	膜状舟形藻	*Navicula membranacea*	/	+	/	/
112	线形舟形藻	*Navicula graciloides*	/	/	+	/
113	杆状舟形藻	*Navicula bacillum*	/	/	/	+
114	舟形藻属未定种	*Navicula* sp.	+	+	+	+
115	短缝双眉藻	*Amphora eunotia*	/	/	/	+
116	卵形双眉藻	*Amphora ovalis*	/	/	/	+
117	双眉藻属未定种	*Amphora* sp.	+	+	+	+
118	尖头桥弯藻	*Cymbella cuspidata*	/	+	/	/
119	桥弯藻属未定种	*Cymbella* sp.	+	+	+	+
120	优美桥弯藻	*Cymbella delicatula*	/	+	/	/
121	美丽星杆藻	*Asterionella formosa*	+	/	/	+
122	日本星杆藻	*Asterionella japonica*	+	+	/	/
123	伏氏海毛藻	*Thalassiothrix frauenfeldii*	+	+	+	+
124	菱形海线藻	*Thalassionema nitzschioides*	+	+	+	+
125	脆杆藻属未定种	*Fragilaria* sp.	+	+	+	+
126	美丽针杆藻	*Synedra pulcherrima*	/	/	/	+
127	针杆藻属未定种	*Synedra* sp.	+	+	/	+
128	尖针杆藻	*Synedra acus*	/	/	/	+
129	双头针杆藻	*Synedra amphicephala*	/	/	/	+
130	有角斑条藻	*Grammatophora angulosa*	/	/	/	+
131	楔形藻属未定种	*Licmophora* sp.	+	/	/	/
132	平板藻属未定种	*Tabellaria* sp.	+	+	/	/
133	卵形藻属未定种	*Cocconeis* sp.	+	+	+	+
134	优美曲壳藻	*Achnanthes delicatula*	/	/	+	/
135	曲壳藻属未定种	*Achnanthes* sp.	+	+	+	+
136	弯棒杆藻	*Rhopalodia gibba*	+	+	/	/
137	标炽菱形藻	*Nitzschia insignis*	+	+	+	+
138	长菱形藻	*Nitzschia longissima*	+	+	+	+
139	尖刺伪菱形藻	*Pseudo-nitzschia pungens*	+	+	+	+
140	成列菱形藻	*Nitzschia seriata*	/	/	/	+
141	弯菱形藻	*Nitzschia sigma*	+	+	+	+
142	弯菱形藻中型变种	*Nitzschia sigma* var. *intercedens*	+	+	+	+

（续）

序号	中文名	学名	春季	夏季	秋季	冬季
143	奇异菱形藻	*Nitzschia paradoxa*	+	+	+	+
144	新月菱形藻	*Nitzschia closterium*	/	/	/	+
145	菱形藻属未定种	*Nitzschia* sp.	+	+	+	+
146	卵形褶盘藻	*Tryblioptychus cocconeiformis*	/	/	+	/
147	华壮双菱藻	*Surirella fastuosa*	/	+	/	/
148	掌状双菱藻	*Surirella palmeriana*	/	/	+	/
149	双菱藻属未定种	*Surirella* sp.	+	+	+	+
150	端毛双菱藻	*Surirella capronii*	/	/	+	/
151	卵形双菱藻	*Surirella ovata*	/	/	+	+
152	粗壮双菱藻	*Surirella robusta*	/	/	+	/
153	马鞍藻属未定种	*Campylodiscus* sp.	+	/	/	+
黄藻						
154	黄丝藻属未定种	*Tribonema* sp.	+	/	/	/
155	匣藻属未定种	*Chlorothecium* sp.	+	/	/	/
甲藻						
156	原甲藻属未定种	*Prorocentrum* sp.	+	/	/	/
157	裸甲藻属未定种	*Gymnodinium* sp.	+	+	/	/
158	夜光藻	*Noctiluca scintillans*	+	+	/	/
159	具尾鳍藻	*Dinophysis caudata*	/	+	/	/
160	叉角藻	*Ceratium furca*	/	+	+	+
161	纺锤角藻	*Ceratium fusus*	/	+	+	+
162	马西里亚角藻	*Ceratium massiliense*	/	+	+	/
163	低顶角藻	*Ceratium humile*	/	+	/	/
164	三角角藻	*Ceratium tripos*	+	+	+	+
165	勃氏多甲藻	*Peridinium brochii*	/	+	+	+
166	优美多甲藻	*Peridinium elegans*	/	+	/	+
167	大多甲藻	*Peridinium grande*	/	+	/	/
168	墨氏多甲藻	*Peridinium murray*	/	+	/	/
169	多甲藻属未定种	*Peridinium* sp.	/	+	/	/
170	钟扁甲藻斯氏变种	*Pyrophacus horologicum* var. *steinii*	/	/	/	+
171	钟扁甲藻属未定种	*Pyrophacus* sp.	/	+	/	/
绿藻						
172	盘星藻属未定种	*Pediastrum* sp.	+	+	/	+
173	二角盘星藻	*Pediastrum duplex*	+	+	+	+
174	单角盘星藻具孔变种	*Pediastrum simplex* var. *duodenarium*	/	+	/	/
175	四角盘星藻	*Pediastrum tetras*	/	+	/	/

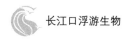
（续）

序号	中文名	学名	春季	夏季	秋季	冬季
176	单角盘星藻	*Pediastrum simplex*	/	/	+	/
177	水绵属未定种	*Spirogyra* sp.	/	+	/	+
178	卵囊藻属未定种	*Oocystis* sp.	+	/	/	/
179	弓型藻属未定种	*Schroederia* sp.	+	+	+	+
180	拟菱形弓型藻	*Schroederia nitzschioides*	/	/	/	+
181	硬弓型藻	*Schroederia robusta*	+	/	/	/
182	螺旋弓型藻	*Schroederia spiralis*	+	/	/	/
183	毛枝藻属未定种	*Stigeoclonium* sp.	+	+	+	+
184	丝藻属未定种	*Ulothrix* sp.	+	/	+	+
185	星球藻属未定种	*Asterococcus* sp.	+	/	/	/
186	空星藻属未定种	*Coelastrum* sp.	/	/	/	+
187	四星藻属未定种	*Tetrastrum* sp.	/	/	+	/
188	鼓藻属未定种	*Cosmarium* sp.	+	/	/	/
189	丛毛微囊藻	*Microspora floccosa*	+	/	/	/
190	锐新月藻	*Closterium acerosun*	+	+	/	+
191	新月藻属未定种	*Closterium* sp.	+	+	/	+
192	裂空栅藻	*Scenedesmus perforatus*	+	+	/	/
193	辐射微星鼓藻	*Micraterias radiata*	+	/	/	/
194	纤维藻属未定种	*Ankistrodesmus* sp.	+	+	+	+
195	镰形纤维藻	*Ankistrodesmus falcatus*	+	/	/	/
196	狭形纤维藻	*Ankistrodesmus angustus*	/	/	+	/
197	绿球藻属未定种	*Chlorococcum* sp.	+	/	/	/
198	小球藻属未定种	*Chlorella* sp.	+	/	/	+
199	二形栅藻	*Scenedesmus dimorphus*	+	/	/	/
200	胶毛藻未定种	*Chaetophora* sp.	+	/	/	/
201	集星藻	*Actinastrum hantzschii*	/	+	/	/
裸藻						
202	囊裸藻属未定种	*Trachelomonas* sp.	+	/	/	+
203	尾棘囊裸藻长刺变种	*Trachelomonas armata* var. *steinii*	+	/	/	/

附录二　浮游动物种名录

序号	中文名	学名/英文名	春季	夏季	秋季	冬季
水母类			/	/	/	/
1	和平水母属未定种	*Eirene* sp.	/	+	/	/
2	双生水母	*Diphyes chamissonis*		+		
3	五角水母	*Muggiaea atlantica*		+		
4	球型侧腕水母	*Pleurobrachia globosa*		+		
5	锥形多管水母	*Aequorea conica*		+		
6	薮枝螅水母属未定种	*Obelia* sp.		+		
7	海筒螅	*Tubularia marina*		+		
桡足类						
8	中华哲水蚤	*Calanus sinicus*	+	+	+	+
9	小哲水蚤	*Nannocalanus minor*			+	
10	微刺哲水蚤	*Canthocalanus pauper*			+	
11	拟哲水蚤属未定种	*Paracalanus* sp.		+		
12	强额拟哲水蚤	*P. crassirostris*	+	+	+	+
13	小拟哲水蚤	*P. parvus*	+	+	+	
14	针刺拟哲水蚤	*P. aculeatus*	+	+	+	
15	华哲水蚤属未定种	*Sinocalanus* sp.			+	
16	细巧华哲水蚤	*S. tenellus*	+	+	+	+
17	中华华哲水蚤	*S. sinensis*	+	+	+	+
18	汤匙华哲水蚤	*S. dorrii*			+	+
19	亚强真哲水蚤	*Eucalanus subcrassus*		+		
20	弓角基齿哲水蚤	*Clausocalanus arcuicornis*			+	+
21	细胸刺水蚤	*Centropages gracilis*			+	
22	中华胸刺水蚤	*C. sinensis*	+	+	+	
23	背针胸刺水蚤	*C. dorsispinatus*		+	+	
24	纺锤水蚤属未定种	*Acartia* sp.	+	+		
25	太平洋纺锤水蚤	*A. pacifica*	+	+	+	
26	双毛纺锤水蚤	*A. bifilosa*	+			+
27	克氏纺锤水蚤	*A. clausi*				+
28	红纺锤水蚤	*A. erythraea*	+			
29	平滑真刺水蚤	*Euchaeta plana*	+		+	+
30	精致真刺水蚤	*E. concinna*			+	
31	火腿许水蚤	*Schmackeria poplesia*	+	+	+	+
32	指状许水蚤	*S. inopinus*			+	+
33	球状许水蚤	*S. forbesi*	+			+
34	双刺唇角水蚤	*Labidocera bipinnata*				+

（续）

序号	中文名	学名/英文名	春季	夏季	秋季	冬季
35	真刺唇角水蚤	L. euchaeta	+	+	+	+
36	虫肢歪水蚤	Tortanus vermiculus	+	+	+	+
37	缘齿厚壳水蚤	Scolecithrix nicobarica			+	
38	太平洋真宽水蚤	Eurytemora pacifica	+			
39	翼状荡镖水蚤	Neutrodiaptomus alatus	+		+	+
40	腹突荡镖水蚤	N. genogibbosus				+
41	右突新镖水蚤	Neodiaptomus schmackeri	+			+
42	长江新镖水蚤	N. yangtsekiangensis		+		
43	后剑水蚤属未定种	Metacyclops sp.				+
44	剑水蚤属未定种	Cyclops sp.		+		
45	英勇剑水蚤	C. strenuus	+	+		+
46	近邻剑水蚤	Cyclops vicinus				+
47	温剑水蚤属未定种	Thermocyclops sp.	+			+
48	蒙古温剑水蚤	T. mongolicus				+
49	等刺温剑水蚤	T. kawamurai				+
50	中华窄腹剑水蚤	Limnoithona sinensis				+
51	四刺窄腹剑水蚤	L. tetraspina				+
52	拟长腹剑水蚤	Oithona similis	+			
53	北碚中剑水蚤	Mesocyclops pehpeiensis				+
54	广布中剑水蚤	M. heuckarti	+			+
55	近缘大眼剑水蚤	Corycaeus affinis	+			+
枝角类						
56	象鼻溞属未定种	Bosmina sp.	+			
57	肥胖三角溞	Evadne tergestina		+		
58	鸟喙尖头溞	Penilia avirostris	+		+	+
59	网纹溞属未定种	Ceriodaphnia sp.	+			
60	裸腹溞属未定种	Moina sp.				+
糠虾类						
61	长额刺糠虾	Acanthomysis longirostris	+	+	+	+
62	冈山刺糠虾	A. okayamaensis	+			
63	短额刺糠虾	A. brevirostris	+			
64	宽尾刺糠虾	A. laticauda			+	
65	节糠虾属未定种	Siriella sp.	+			
66	普通节糠虾	S. vulgaris	+			
67	细节糠虾	S. gracilis	+	+	+	+
68	美丽拟节糠虾	Hemisirella pulchra	+			

序号	中文名	学名/英文名	春季	夏季	秋季	冬季
69	近糠虾属未定种	*Anchialina* sp.	＋		＋	
70	漂浮囊糠虾	*Iiella pelagicus*	＋	＋	＋	
71	黑褐新糠虾	*Neomysis awatschensis*	＋	＋		
十足类						
72	毛虾属未定种	*Acetes* sp.		＋		
73	日本毛虾	*A. japonicus*		＋		
74	中国毛虾	*A. chinensis*		＋	＋	
磷虾类						
75	小型磷虾	*Euphausia nana*	＋		＋	＋
76	太平洋磷虾	*E. pacifica*	＋		＋	
77	中华假磷虾	*Pseudeuphausia sinica*		＋	＋	
涟虫类						
78	三叶针尾涟虫	*Diastylis tricincta*	＋	＋		
79	卵圆涟虫	*Bodotria ovalis*	＋	＋		＋
端足类						
80	钩虾属未定种	*Gammarus* sp.				＋
81	江湖独眼钩虾	*Monoculodes limnophilus*	＋	＋	＋	＋
82	锯齿伊氏钩虾	*Idunella serra*			＋	
83	苏氏蛮绒	*Lestrigonus shoemaker*				
等足类						
84	圆柱水虱属未定种	*Cirolana* sp.	＋			
毛颚类						
85	强壮箭虫	*Sagitta crassa*		＋	＋	
86	百陶箭虫	*S. bedoti*	＋	＋	＋	
87	海龙箭虫	*S. nagae*	＋			
88	肥胖箭虫	*S. enflata*		＋		
被囊类						
89	软拟海樽	*Dolioletta gegenbauri*		＋		
多毛类						
90	浮蚕属未定种	*Tomopteris* sp.	＋	＋		
91	盘首蚕属未定种	*Lopadorhynchus* sp.	＋			
92	盲蚕	*Typhloscolex muelleri*		＋		
翼足类						
93	马蹄琥螺	*Limacina trochiformis*	＋	＋		
94	长轴螺	*Peraclis reticulata*	＋			
95	强卷螺	*Agadina syimpsoni*	＋	＋		

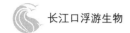

（续）

序号	中文名	学名/英文名	春季	夏季	秋季	冬季
96	明螺属未定种	*Oxygyrus* sp.	+			
幼体						
97	桡足类幼体	Copepods larva		+		
98	真刺水蚤属幼体	*Euchaeta* larva	+	+	+	+
99	十足类幼体	Decapods larva	+	+		
100	短尾类大眼幼体	Brachyura megalopa	+	+		
101	短尾类溞状幼体	Brachyura zoea	+	+		+
102	长尾类幼体	Macrura larva	+	+	+	
103	糠虾类幼体	Mysidacea larva	+	+	+	
104	莹虾类幼体	Lucifer larva			+	
105	磁蟹属幼体	*Porcellana* larva	+			
106	磁蟹属溞状幼体	*Porcellana* zoea	+			
107	假磷虾属幼体	*Pseudeuphausia* larva	+	+	+	
108	磷虾类幼体	Euphausia larva	+	+	+	
109	端足类幼体	Amphipoda larva	+		+	
110	阿利玛幼体	Alima larva		+		
111	箭虫属幼体	*Sagitta* larva	+	+	+	
112	多毛类幼体	Polychaeta larva	+			
113	海星纲幼体	Bipinnaria larva		+		
114	贝类幼体	Shellfish larva		+		
115	仔稚鱼	Fish larva		+	+	
116	鱼卵	Fish egg		+	+	

参 考 文 献

陈清潮，章淑珍，1965. 黄海和东海的浮游桡足类Ⅰ. 哲水蚤目 [J]. 海洋科学集刊（7）：20 - 131.

陈清潮，章淑珍，朱长寿，1974. 黄海和东海的浮游桡足类Ⅱ. 剑水蚤目和猛水蚤目 [J]. 海洋科学集刊（9）：27 - 76.

金德祥，1965. 中国海洋浮游硅藻类 [M]. 上海：上海科学技术出版社.

束蕴芳，韩茂森，1993. 中国海洋浮游生物图谱 [M]. 北京：海洋出版社.

束蕴芳，韩茂森，1995. 中国淡水生物图谱 [M]. 北京：海洋出版社.

山路勇，1979. 日本海洋浮游生物图鉴（增补改订版）[M]. 大阪：保育社.

水野寿彦，1978. 日本淡水浮游生物图鉴（改订版）[M]. 大阪：保育社.

作者简介

沈盎绿 男，1980 年 1 月生，博士。2001 年 6 月毕业于西南农业大学淡水渔业专业，获学士学位；2004 年 6 月毕业于西南农业大学水产养殖专业，获硕士学位；2014 年 12 月毕业于华东师范大学自然地理学专业，获博士学位。2004 年 7 月开始就职于中国水产科学研究院东海水产研究所渔业生态环境实验室，任副研究员，2018 年 11 月开始就职于上海海洋大学海洋生态与环境学院，任副教授。以第一作者或通讯作者发表 SCI 论文 6 篇，中文核心期刊 20 余篇。主持国家自然科学基金青年科学基金项目 1 项和中央级科研院所基本科研业务费面上项目 2 项，以及省部级重点实验室开放基金多项。主要研究方向：浮游生物对河口海岸环境变化的响应机制。